AF466001

LA NOUVELLE SÉRICICULTURE

ENRICHIE DE 20 PLANCHES DÉMONSTRATIVES

AVEC LA-QUELLE

L'ÉDUCATION DES VERS À SOIE

A ÉTÉ CHANGÉE EN AGRÉABLE PASSE-TEMPS

AVEC LE GAIN

DU 15 P. 0/0 SUR LES SYSTÈMES EN USAGE

PAR

LE CHEV. M. DELPRINO MÉDECIN

ACQUI

TYPOGRAPHIE BORGHI

1867

LA NOUVELLE SÉRICICULTURE

ENRICHIE DE 20 PLANCHES DÉMONSTRATIVES

AVEC LA-QUELLE

L'ÉDUCATION DES VERS À SOIE

A ÉTÉ CHANGÉE EN AGRÉABLE PASSE-TEMPS

AVEC LE GAIN

DU 15 P. 0|0 SUR LES SYSTÈMES EN USAGE

PAR

LE CHEV. M. DELPRINO MÉDECIN

MEMBRE HONORAIRE DE L'INSTITUT PHILOTÉCNIQUE D'ITALIE ET DE PARIS
DE LA CHAMBRE DE COMMERCE D'ALEXANDRIE ET DU COMICE AGRAIRE D'ACQUI
DES INSTITUTS AGRAIRES DE MACERATE ET DE CHIAVARI
AYANT REPORTÉ 14 MÉDAILLES AUX EXPOSITIONS MONDIALES ET NATIONALES

ACQUI

TYPOGRAPHIE BORGHI

1867

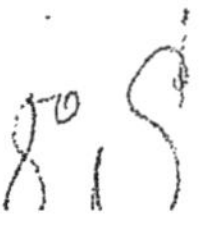

AVANT-PROPOS.

Considérant la sériciculture comme une des principales sourcesde prospérité pour notre pays, j'y vouai mes soins avec ferveur. Dès le commencement m'étant aperçu que les systèmes en usage étaient défectueux, je conçus l'idée de les perfectionner: armé de constance et de courage, je mis résoluement la main à l'œuvre. Persuadé, par une longue pratique, d'avoir en grande partie atteint mon but, je me crois en dévoir d'exposer, en peu de pages, les comodités et les avantages de mes nouveaux systèmes. Mon but est d'être utile à ma patrie.

1.° Le système de biculture adopté par moi dans la plantation des mûriers ;

2° Le système d'éducation isolée pour les vers destinés à la reproduction ;

3° Le système pour la confection de la graine de chaque papillonne, isolée sur le même linge, afin d'en connaître le degré de vigueur et être à même de faire un triage judicieux ;

4° Le système isolateur pour l'éducation des vers à soie ;

5° Le système cellulaire pour leur mise à la bruyère.

6° Le système central-veutilateur pour la filature ;

7° Le système des différents mécanismes que j' ai organisés pour la nouvelle industrie séricicole.

CHAPITRE I.

SYSTÈME DE BICULTURE.

On plante généralement le mûrier de la manière suivante :

On creuse une fosse large d'un ou deux mètres sur une profondeur de 40 à 50 centimètres ; on jette pêle-mêle autour de la fosse la terre qu'on enlève, on nivelle et on nettoie le fond de la fosse ; ensuite on met la plante au milieu, on recouvre les racines d'un peu de terre appartenant à cette première couche, on place un peu de fumier avec quelque fascines ; enfin on comble entièrement la fosse au moyen de la terre qu'on en a retirée.

Cette méthode a quatre inconvénients graves:

1° Le fond de la fosse étant ainsi nivellé, nettoyé et foulé par les pieds de l'ouvrier, se trouve si dur que les racines ont de la peine à y pénétrer et la plante ne s'alimente que d'une manière insuffisante;

Le jeune mûrier placé de la sorte sur une terre dure, foulée et froide, se trouve pour ainsi dire dans la situation d'un malade que le médecin ferait étendre sur le pavé, sauf à lui faire mettre ensuite dessus le matelas et les couvertures pour le réchauffer;

2° Au moment des grandes pluies, l' eau passe à travers la terre fraîchement remuée et arrive jusqu'au fond du fossé; arrivée là, elle ne peut pas aller plus loin, grâce à la dureté du fond; elle s'arrête autour des racines et cause un préjudice considérable au mûrier, surtout si cette humidité excessive venait à être accompagnée d'une température basse, ainsi que cela arrive souvent au printemps et en automne ;

3° Par un temps sec et chaud, la chaleur parvient jusqu'aux racines et semble produire d'abord d'excellents effets; mais la fraîcheur naturelle ne tardant pas à manquer à la terre par suite du peu de profondeur de la fosse à fond dur et compact, la végétation s'affaiblit, la jeune plante se débilite ou se dessèche quelquefois au point de ne pouvoir plus reprendre un développement vigoureux ;

4° L'engrais déposé dans une excavation de si petites proportions, favorise bien plutôt les mauvaises herbes et les plantes qui se trouvent autour du mûrier, que le mûrier lui-même.

Pour obvier à ces inconvénients et procurer au mûrier un développement aussi rapide que sûr, j'ai adopté le système suivant à double culture.

Pour les mûriers de haute futaie, je fais creuser de petites fosses carrées ayant un mètre de profondeur sur trois mètres de largeur.

La terre qui est à la surface, soit jusqu'à une profondeur de 30 centimètres environ, est déposée sur un des côtés de la fosse; la terre que l'on extrait ensuite doit être amoncelée sur les autres bords, de telle sorte que la dernière se trouve du côté opposé à la terre cultivée, retirée la première. Je fais encore donner un coup de bêche au fond de la fosse; mais je n'en retire pas la terre ainsi retournée. Je laisse mes fosses ouvertes le plus longtemps possible et pour les plantations, je préfère le printemps à l'automne. Si je me trouve par hasard dans la nécessité de planter des mûriers à cette dernière époque, j'ai soin de faire presser un peu la terre contre les racines, afin qu'il n'y ait pas de vides autour d'elles.

Le moment favorable étant arrivé, voici comment je m'y prends pour mes plantations :

On dépose quelques fagots autour du fond de la fosse à la hauteur de 25 centimètres environ; au-dessus de ces fagots on étend une couche de terre cultivée d'une hauteur à peu près égale; sur cette dernière on place le mûrier en ayant soin d'en étendre les racines dans tous les sens; on recouvre les racines d'une légère couche de vieille terre, dont les proportions ne sont nulle part plus fortes qu'autour du pied de la jeune plante; ensuite mettez une couche de fumier de quelques centimètres en ayant soin de ne point en mettre tout près de l'arbre; après cela, de nouveau, de la terre et un autre lit de fascines; enfin comblez la fosse et mettez à la surface la terre enlevée la dernière.

Les mûriers doivent être déplantés avec le plus de racines possible, et mis dans la fosse aussitôt qu'on les retire du vivier, ou au moins le plus vite possible, car, si vous les laissez longtemps hors de terre, ils se flétrissent et ne prennent plus le développement qu'ils auraient eu s'ils avaient été replantés immédiatement ou au moins le même jour.

Avec ce système, on n'a à redouter ni la trop grande humidité, ni l'excès contraire. Les emblavures qui avoisinent les plantations

Pl.^e 1.

Terre vierge
Bois
Terre
Fumier
Terreau
Mûrier
Terreau
Bois
Terre molle

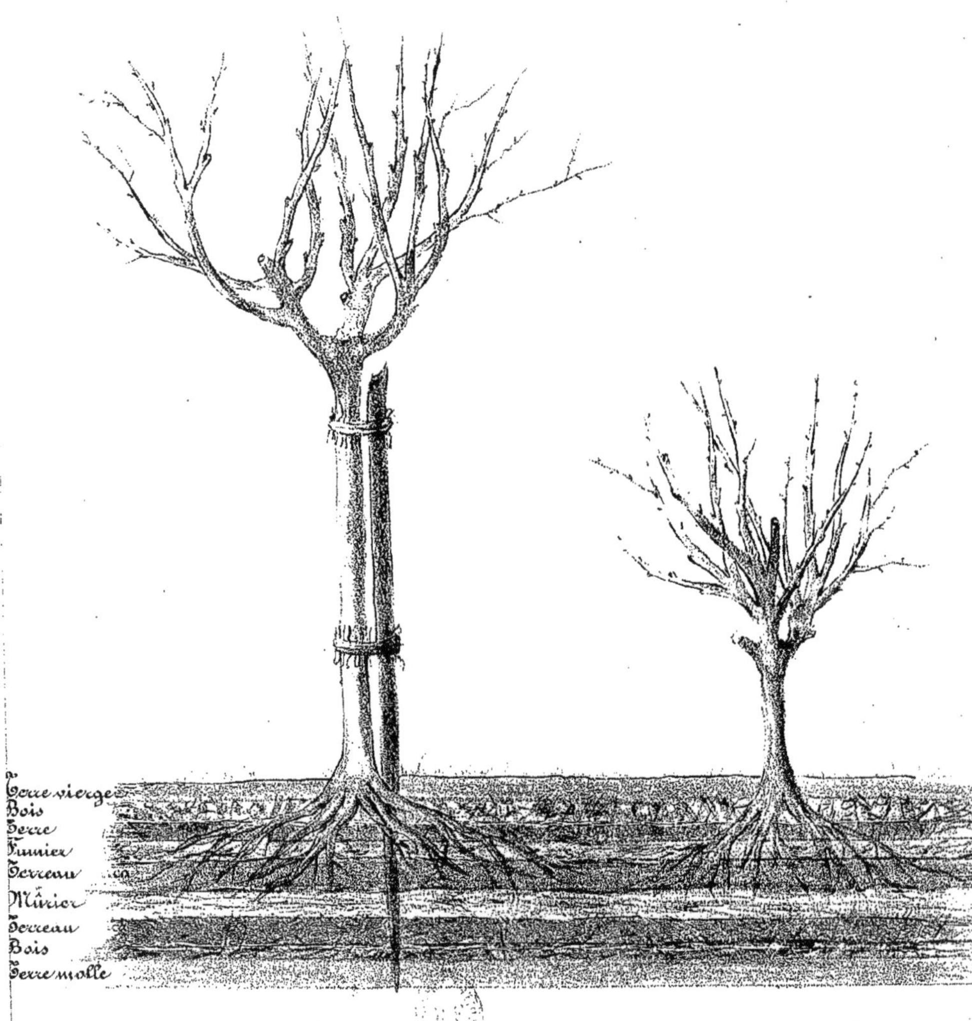

ne leur nuiront que faiblement et, à la huitième annèe votre mû-rier vous donnera de 3 à 4 myriagrammes d'excellante feuille.

§ 2.

PLANTATION DU MURIER NAIN.

J'emploie la même méthode pour les mûriers nains, à l'exception qu'au lieu des fosses séparées, on fait un seul fossé dont la profondeur sera d'un mètre ainsi que la largeur.

Les files de ces mûriers nains, ou en buisson, doivent être à la distance de 4 mètres l'une de l'autre, et les plantes entr'elles à celle de deux, si le sol est fort-bon, et de trois sur un et demi étant médiocre. En cas que le terrain soit sabloneux ou maigre, cette distance sera de deux mètres sur un, ayant soin d'enterrer, dans les endroits sabloneux, les racines plus profondement que dans les autres terrains.

Avec ce procédé j'obtiens, en peu d'années, un produit de feuille presque incroyable.

Pour mieux favoriser et accroître la végétation dans les six ou sept premiers mois de la plantation, je fais remuer et retourner la terre à la profondeur d'un mètre, exposant à l'action de l'air la terre ôtée du fond, et mettant dans le fond celle qui était à la superficie. Ce travail donna presque toujours d'excellents risultats, et on peut le considérer comme le complement du système de la plantation des mûriers nains. Dans les années suivantes, à fin de les conserver sains et vigoureux, il faut donner quelque léger coup de bèche au terrain, au moins deux fois par an. En faisant cette opération trois fois par an, c'est-à-dire à peu près tous les 50 jours, en commençant à la moitié du mois d'avril, ça voudra encore mieux.

Dans la seconde année on commence à ramasser quelque peu de feuille, et le produit s'augmente dans la troisième et quatrième année, de manière que dans le cours de la cinquième un hectare de terrain ainsi planté peut donner de mille à mil cinq cent myriagrammes de feuille d'excellente qualité, sans aucun fruit, et facile à ramasser.

L'éducateur, en outre, peut être sûr d'avoir dans les temps normeaux, la feuille nécessaire pour la seconde éducation ; car les mûriers nains dépouillés de leur feuilles dans le printemps, au plus tard possible, et ensuite émondés, repoussent bien vite de nouveaux bourgeons qui donnent, à la fin du mois d'août et au commencement de septembre, un produit fort tendre et indispensable pour les trois premières mues du ver à soie.

À ce premier rendement il faut ajouter celui que, dans les cinq premières années, on peut tirer de certaines cultivations qu'il est facile de pratiquer entre les rangées des jeunes mûriers (arachides, haricots nains, betterave etc. mais jamais aucun cultivation sans sarclure) ainsi que le bois que les plantes produisent, et on devra reconnaître que la dépense qu'on a faite a été tellement productive, qu'on trouvera fort difficile d'obtenir un semblable résultat avec un autre genre de cultivation.

Parmi les différentes espèces de mûriers, la meilleure, pour les mûriers nains, est la glacée (*Morus albæ Moretti, vel glacialis*).

Cette espèce de mûrier qui est assez précoce, resiste aux vents froids, pousse de longs rejetons étendus et verticaux, qui donnent une feuille abondante que le ver transforme en bonne soie.

CHAPITRE II.

DE LA GRAINE A VER A SOIE.

§ 1.

L'expérience a démontré d'une manière incontestable, que la sémence saine et robuste produit des vers si fortement trempés qu'ils peuvent plus aisément resister aux pernicieuses épizootie, et donner même un riche produit de cocons.

Dans toutes les races comme dans tous les individus, le defférent degré de robusticité et de force à resister aux principes nuisibles dépend de l'organitation première et consequemment de la bonté de la matière constitutive, et les précieux insectes dont nous nous entretenons ne sauraient se soutraire à cette loi. Au contraire ils sont fort sensible à l'action des agens extérieurs de manière qu'ils acquièrent, dans le développement de leur organisation, plus au moins de force, en proportion des circonstances favorables ou contraire qui en accompagnent l'éducation, dans l'accouplement et dans la conception sont plus ou moins favorables ou contraires.

De ce différent degré de force dans les principes organics naissent des vers doués des mêmes bonnes qualités.

Consequemment la première condition et la plus indispensable pour obtenir un heureux succès dans l'éducation des vers à soie est celle d'avoir de la bonne graine, la bonté de cette graine dépend du degré de sa robusticité, mais comme la nature ne l'a doué que du germe que le temps doit développer, c'est à l'esprit de l'homme à chercher les moyens de reconnaître cette force, pour en tirer le plus grand profit.

Voilà quelle a été la tâche que je m'étais imposé, et que j'ai cherché à remplir de mon mieux, et en attendant voici quels ont été les résultats de mes recherches et de mes expériences.

1° Qu'aucune partie de cocons, grosse ou petite qu'elle soit, ne donne jamais les papillons tous sains, et propres à pondre de la graine bonne pour les éducations postérieures.

2° Qu'à circonstances égales la meilleure graine est toujours celle obtenue par une éducation en petit et expréssement faite pour la réproduction, soit en plain air soit dans un endroit toujours bien aéré.

3° Que les cocons qu'on a obtenu par des éducations faites en des lieux où dominaient les vents du nord, donnent des papillons plus sains et plus robustes que ceux faits sous l'influence des vents méridionaux. (Les cas fortuits ne peuvent point servir à altérer cette règle).

4° Que les vents du nord soufflent tantôt en haut, tantôt au bas, et que, par conséquent, ils est prudent de changer d'endroit selon les circonstances.

5° Qu'à circonstances égales le produit des cocons est toujours en rapport avec la santé de la graine.

6° Qu'on obtient difficilment de la graine de la même robuste santé d'une éducation faite en grand, quand même elle ait eu, en apparence, un excellent résultat.

7° Que pour connaître les différents degrés de robusticité de la graine, il devenait nécessaire qu'elle fût pondue sur le même linge par des femelles isolées, et par couvée au nombre de cent, pour le moins.

8° Que ces degrés de bonne santé se reconnaissent ensuite par le plus ou moins de graine pondue, tant bonne que de rebut.

9° Que les émissions d'écart, ou irrégulières sont celles qui contiennent un nombre considérable d'œufs non fécondés ou mal fécondés, tels que les roussâtres, noirûtres, délavés et autres semblables.

10° Que toutes les fois que dans les 100 œufs on en trouve plus de 25 anomales c'est une preuve que toute la couvée a eu dans l'éducation, des prédespositions à la maladie de la gattine, qui est plus ou moins avancée selon le nombre plus ou moins grand des émissions gâtées.

En conséquence de ces observations j'ai adopté la règle suivante pour la confection de la graine.

Je fais faire chez-moi ou chez quelque propriétaire, mais toujours dans un lieu aéré, l'éducation d'une petite partie, je chosis, avec le plus grand soin, les cocons dont la forme est plus parfaite (cenlurina) plains aux deux extrémités, d'égale grosseur, de couleur (rose pâle) et d'un grand uniforme. (Je tâche d'écarter les cocons de couleur orange, ou jaune terne, ou trop pales, ainsi que ceux aux formes irrégulières ou manquants aux bouts, et de grain trop fin ou trop gros (1).

Une fois parfaitement nettoyés, je les porte dans l'endroit destiné à la confection de la graine, en ayant soin que le lieu soit aéré et exposé au nord. Comme j'ai fait remarquer ci-devant, j'ai reconnu convenable, pour pouvoir connaître et distinguer la graine, d'adopter le système d'isolement. Pour atteindre ce but je fais usage d'engins de mon invention qui sont fort simples, et d'une application aussi facile que avantageuse.

---

(1) Dans les cas où, pendant l'éducation, les vents méridionaux aient dominés, je tâche de me pourvoir, s'il est possible, d'une petite partie provenant d'un endroit où aient régné des vents proprîces et réguliers, et qui ait été gardé dans un lieu ayant une bonne ventilation.

Je mets une attention particulière dans le choix des cocons, car, si en choisissant de la bonne graine on peut être à peu près sûr de bons résultats, de même du choix de cocons excellens et réguliers on acquiert le droit d'exiger un pris plus élevé de ses produits, et fait pour contenter l'éducateur en le récompensant de ses soins.

Pl.^{e} 2.

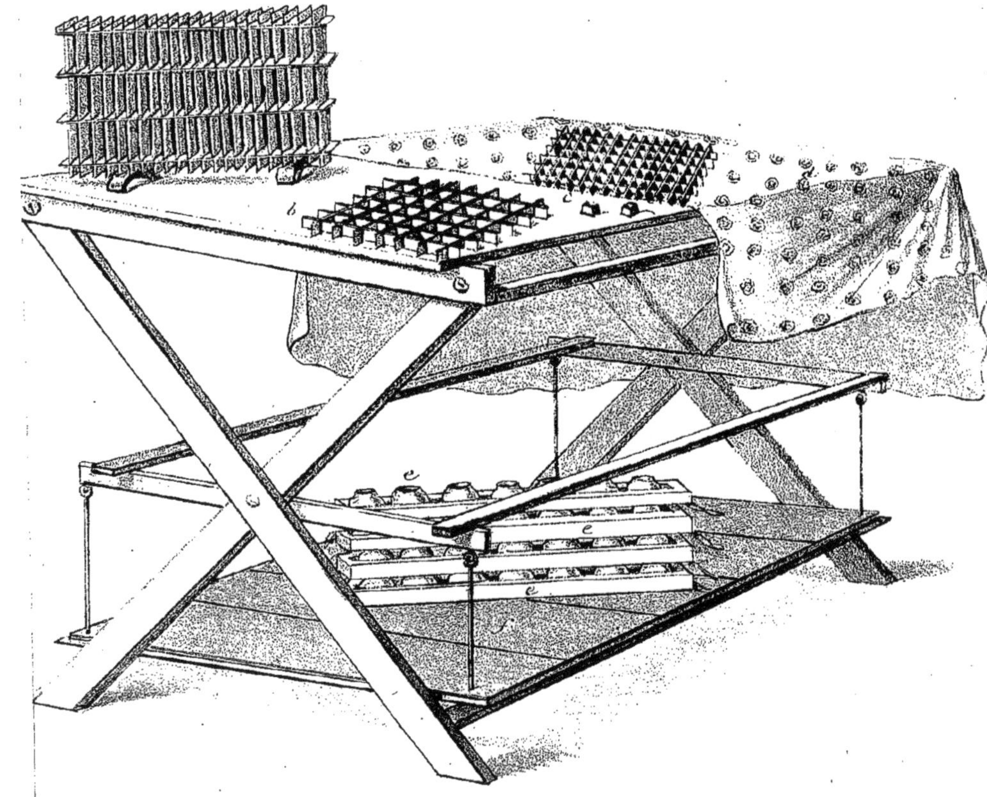

a Coconnière
b Papillonnière
c Isolateur
d Linge avec la graine isolée de chaque papillon
e Tas d'isolateurs avec leurs petites courbes et leur linge
f Dessous de table mobile.

§ 2.

APPAREILS.

Ces appareils sont *la coconière* (bozzoliére), *le casicr à papillons* (farfalliére) *et l'isolateur*(isolatore). Ils sont formés de petites planches jointes ensemble en guise de grille: ils ne diffèrent que par la forme des cases chi sont allongées dans la coconière et carrées dan le casier et dans l'isolateur, ou encore par la largeur des bandes qui sont plus étroites dans l'isolateur.

Le premier sert à renfermer les cocons; le second à renfermer les papillons en état d'accouplement; le troisième enfin est destiné à recevoir les chenilles au moment qu'elles pondent.

J'ai adopté des isolateurs à 25 cases: quatre isolateurs placés à côté l'un de l'autre forment un carré de 100 cases propres à contenir 100 femelles dont la graine est environ d'une once de 30 grammes.

L'isolateur est complété par des petites courbes qui ne sont autres que des bandelettes de papier coupées en ligne courbe et qui unies à l'extrémité, forment un entonnoir conique; mises dans les cases de l'isolateur, la base en bas, elles font que la case de carrée qu'elle était, devient ronde; là, les papillonnes se meuvent à volonté, mais elles ne peuvent en sortir: de la sorte, la graine déposée dans ces petites cases reste parfaitement isolée.

Il est à peine besoin de dire que l'isolateur doit être placé sur une pièce de toile convenable et disposée à cet effet.

§ 3.

USAGE DES APPAREILS ET ACCOUPLEMENT DES PAPILLONS.

On prend la coconière, on la place horizontalement sur un plan, on remplit les vides avec des cocons, en faisant attention de ne pas les écraser, surtout à l'extrémité.

Cela fait, je la joins aux montants en introduisant l'extrémité saillante de deux petites planches dans leurs rainures et je la place en sens vertical sur un plancher ou sur une surface plane quelconque.

Le moment de la sortie des papillons de leur maillot étant venu, ce que l'on reconnaît à l'apparition de quelques chenilles, j'étends sur la table quelques feuilles de papier sur lesquelles je mets les casiers.

A mesure que les papillons se montrent sur la coconière, je les prends avec précaution par les ailes et je les mets dans les cellules du casier en ayant soin de mettre les couples faits dans les cases à droite, ainsi que les papillonnes et je les recouvre avec de petites planches. Je mets les papillons dans les cases à gauche en les recouvrant également avec des planchettes; de cette manière ils se trouvent les uns et les autres dans l'obscurité.

Une demi heure après, je découvre tant les mâles que les femelles et je les assortis en trasférant les premiers dans les cases des secondes, ayant soin, bien entendu, d'éviter la bigamie. Je recouvre les nouveaux couples ainsi que les papillons qui restent. Je recommence ensuite et je continue jusq'à ce que les papillons aient tous quitté leur prison ce jour là.

L'accouplement qui dure de six à huit heures est celui que j'ai toujours trouvé le plus convenable, c'est pourquoi je m'y tiens et j'engage les bacologues à en faire autant.

§ 4.

DÈSACCOUPLEMENT, USAGE ULTÉRIEUR DES APPAREILS.

Pendant que je suis à attendre l'heure convenable pour désaccoupler les papillons, je prépare tout ce qu'il me faut pour la ponte.

Je prends la pièce de toile, je l'étends soigneusment sur un plancher ou sur une autre surface plane (le pavé lui-même peut servir, pourvu qu'il soit sec), ensuite je mets les isolateurs dessus et cela jusqu'à ce que j'aie obtenu un carré parfait.

Après quoi, je place une petite courbe dans chacune des cases de l'isolateur en faisant attention à ce que les bases se trouvent sur la toile.

Cette opération étant achevée et le temps fixé pour l'accouplement étant écoulé, je découvre les premiers couples; je prends les femelles par les ailes et je les sépare du mâle avec toutes les précautions voulues. Quant à ces derniers je les mets dans une case vide, ou encore, je me sers à cet effet des coconières qui ont servi aux vers lorsqu'il étaient au bois; je les y laisse jusqu'à ce qu'ils meurent et ainsi je connais la durée de leur existence, je les couvre, et je laisse les papillonnes pendant quelques minutes dans leurs cellules, afin qu'elles puissent se purger, si le besoin s'en fait sentir. Toutefois j'observe attentivement si quelques-unes d'entre elles se mettent à déposer la graine; s'il en est ainsi, je la prends et je vais la mettre dans les cases de l'isolateur en commençant par garnir un isolateur de 25 cases et ainsi de suite. J'agis de la même façon avec les chenilles qui se purgent, mais comme elles n'éprouvent pas toutes ce besoin, je les transporte toutes vingt minutes après dans les petites courbes qui leur sont destinées, faisant toujours en sorte de les placer sur la toile et jamais contre les côtés des courbes elles-mêmes.

Je procède de la même manière à l'égard des derniers accouplements, le temps voulu étant passé, et je continue ainsi les jours suivants jusqu'à ce que tous les papillons soient sortis de leur prison (1).

Ordinairement les papillonnes déposent toute leur semence en 48 heures et on pourrait les jeter dès qu'on les enlève de dessus les courbes, mais comme, du plus ou moins long-temps qu'elles vivent après la ponte, on peut se faire une idée approximative de la valeur de la graine, idée qui revêt le caractère de la certitude quand on s'est rendu compte de la quantité des émissions normales, il convient de les conserver jusqu'à la fin, attendu qu'il ne s'agit que d'un essai partiel portant sur cent émissions de la même partie, et de les visiter chaque jour pour constater le nombre des décès journaliers.

(1) Une fois cependant que les papillonnes sont placées dans les courbes cellulaires, je les observe pendant quelques instants ou bien je les visite de temps à autre et si j'en trouve quelqu'une qui soit montée sur les bords de la case, je la remets sur la toile d'où elle ne sort plus ordinairement. Dans le cas où l'on négligerait ce détail, il n'en résulterait d'autre inconvénient que celui de trouver sur les côtés intérieurs des courbes mêmes quelques œufs faciles à enlever; mais si on en a le temps, il est aisé d'obvier à cet inconvénient.

J'espère toutefois que lorsqu'elles seront habituées à ce système, elles ne quitteront plus la toile, de même que les vers n'abandonnent jamais leur poste sur les claies où ils se tiennent par la force de l'abitude contractée et transmise de génération en génération.

A cet effet, on peut les laisser dans les courbes mêmes et marquer sur la toile ou dans chaque case le nombre de jours que les papillonnes ont vécu. Si on ne veut pas faire cette expréience, on peut les mettre sur une toile, sur du papier et même dans les cases des coconnières qui ont servi de cabane aux vers, en ayant soin seulement de les couvrir avec du papier.

Cette opération étant achevée, il faut rincer les appareils avec de l'eau, ou mieux avec du lait de chaux. On les fait bien sécher et on les remet dans leur caisse afin de les avoir en bon état l'année suivante.

On laisse la toile avec la graine de chaque papillonne séparée sur la table, ou on la suspend à un crochet et on les y laisse jusqu'à complète formation, c'est-à-dire pendant tout le temps que la graine met à se colorer à point (1), soit six ou huit jours selon le degré de température et de sécheresse. L'embryon étant formé, l'éducateur en examinant la semence de chaque femelle, peut, au moyen du tableau cyplicatif, connaître le degré de robusticité de la graine et prendre en pleine connaissance de cause la determination qu'il jugera la plus convenable.

Cependant il est bon de faire observer ici que s'il vient à se présenter les cas d'un petit nombre d'œufs non fécondés dans les émissions, il n'y a pas trop à s'en préoccuper, porvu qu'ils soient de couleur blanc-jaunâtre et qu'ils conservent la même nuance lorsqu'ils sont desséchés; que les pontes marquées au coin de la faiblesse et portant en elles le germe de la maladie à partir de leurs secondes phases, sont celles qui, de nuance délavée, contiennent un nombre considérable d'œufs peu, point ou mal fécondés, tels que les noirâtres, ceux qui tirent sur le rouge, les délavés et autres semblables.

Ce système cellulaire isolateur est aussi favorable à la confection

---

(1) La couleur de la graine saine, même dans une race identique de vers. n'est pas toujours exactement semblable; elle est plus ou moins modifiée par le climat ou par les circonstances thermo-hygrométriques au milieu desquelles la graine a été confectionnée et conservée.

Généralment cependant, elle prend une couleur propre que je ne saurais décrire autrement que comme: cendré-bleuâtre sombre-vif (*cinereo-bluastro-scuro-vivace*); dans les races blanches le bleuâtre domine.

de la graine, tout aussi commode et facile, quand on le pratique sur une large échelle. Pour chaque grosse partie de cocons, il faut en confectionner une once à titre d'essai, ainsi que nous l'avons indiqué plus haut, afin d'être à même de reconnaître la bonté de la graine, mais, cela fait, on peut transformer en graine le restant de la partie de cocons, en ayant soin de jeter les papillons tous les deux jours, quelque soit le système que l'on ait adopté. Si l'on préfère l'isolateur comme plus avantageux et plus économique, on met les quatre premiers isolateurs sur la toile, ainsi que les courbes et les papillons, ce qui constitue l'appareil. On étend des feuilles de papier à lettres lisse sur ces courbes, quand il est possible de s'en procurer; on forme ainsi un autre étage sur lequel on met un autre appareil avec les chenilles, puis un troisième, un quatrième étage, etc., venant ainsi à élever un échaffaudage de 8 à 10 appareils. Il faut seulement faire attention de tenir toujours séparées les cabanes faites en un même jour, parce que, de cette manière, elles peuvent servir de nouveau après 48 heures; en agissant ainsi, l'opération se trouve simplifiée et devient aussi commode que facile; en effet, on commence une cabane près de celle que l'on veut défaire; après avoir étendu la toile sur du papier (si on travaille sur le pavé), on prend les isolateurs par deux des angles opposés, avant de les lever, on les courbe un peu; les courbes ayant été un peu comprimées, elles se tiennent bien à leur place; on transporte l'isolateur sur la toile et on lui redonne la forme carrée; voilà en quoi consiste l'appareil. Les papillons restés libres sur la toile, on a enlevé les isolateurs, se meurent et se jettent dans l'eau pour éviter la poussière.

On transporte la toile dans un lieu aéré ou l'embryon se formera et on continue de la sorte jusqu'à la fin des opérations.

§ 5.

PRÉCAUTIONS POUR CONSERVER LA GRAINE.

La graine éclot plus ou moins facilement suivant l'état de température et d'humidité, c'est-à-dire selon les condictions thermométriques et hygrométriques. Les circonstances étant les mêmes, la graine qui tarde le plus à éclore est celle qui paraît douée de la plus grande robusticité.

On doit toujours tenir la graine dans un lieu aéré et exposé au nord, où la température, dans les journées les plus chaudes, ne dépasse jamais 17-18 degrés Réaumur.

L'abaissement de la température ne lui nuit pas, mais il faut éviter les changements, la saison étant avancée, afin que la graine ne se détériore pas.

Si, une fois arrivée à maturation, la graine passe à une température plus élevée, elle éclot ensuite plus difficilment et les petits insectes sont moins robustes.

Si, à peine l'émission faite, on porte la graine à la glacière où elle reste une trentaine de jours, elle devient susceptible d'éclore en automne en la soumettant à une température de 20-22 degrés Réaumur, porvu qu'elle ne souffre pas de l'umidité; elle acquiert la même propriété si on la porte à la glacière tout de suite après maturation et si on l'y laisse 60 jours environ.

Pour tirer parti de cette combinaison, et afin d'obtenir l'éclosion au moment propice pour la récolte d'automne, ainsi que je me l'étais proposé, il faut renouveler l'essai en temps normal, attendu que le résultat en question a été obtenu dans des circonstances exceptionnelles, c'est-à-dire pendant que l'épizootie sévissait.

§ 6.

ENLÈVEMENT ET CHOIX DE LA GRAINE.

La graine obtenue par ce système se détache et se trie avec la plus grande facilité.

On plonge les toiles pendant une vingtaine de minutes dans l'eau (si c'est du vin, cela vaut encore mieux): après les avoir retirées on en exprime délicatement tout le liquide, on les étend ensuite sur une table recouverte d'un drap de lit plié en trois ou en quatre. Quand les œufs sont mouillés, il est bien plus facile de reconnaître leurs défauts ; en effet, le triage est aisé, il suffit de s'en tenir aux indications déjà connues pour distinguer les émissions normales de celles qui ne le sont pas.

Avec un couteau peu effilé ou à pointe ovale, ou encore avec une cuiller, on commence par enlever les émissions les plus anormales. On les met de côté ou on les jette, à moins qu'on ne veuille faire des essais comparatifs.

On peut faire plusieurs choix à titre d'expérience, ce qui sera tout à l'avantage de l'instruction du bacologue.

On détache pêle-mêle les émissions régulières restées sur les toiles; on les fait bien sécher, on les met dans des cornets de papier ou dans des boites et l'opération est achevée.

Cependant, il est bon d'observer que quand les émissions normales sont restées au-dessous de 30 ou 40, il ne faut pas en faire l'éducation, car, quoique de belle apparence, elles portent à l'état latent le germe destructeur et, à quelques exceptions près, le résultat est miserable ou nul.

§ 7.

AVANTAGES DE LA NOUVELLE MÉTHODE ET TABLEAU EXPLICATIF.

Les avantages que j'ai trouvés en suivant ce système sont les suivants :

1° Manière plus aisée, plus propre et plus convenable à une opération si intéressante ;

2° Plus grande facilité pe tenir les papillonnes dans l'obscurité, sans que la chambre soit noire ;

3° Plus de précision et une plus grande régularité dans l'accouplement des chenilles;

4° Facilité de recconaître le degré de vitalité de la semence, ce qui est la première condition dont le sériciculteur doit s'assurer, s'il vise à obtenir une bonne réussite de son éducation ;

5° Manière facile d'éviter les émissions anormales et faibles, lesquelles donnent des vers qui finissent ordinairement par fournir un cocon inachevée ou rien du tout.

CHAPITRE III.

PRÉPARATION DE LA GRAINE.

§ 1.

Le ver à soie est ainsi constitué que, lorsqu'il tombe malade, il ne guérit jamais.

Par conséquent, les soins de l'éducateur, doivent être tout de prévention et le plus important est celui du choix d'une graine robuste : ensuite vient l'aération voulue pendant les éducations. Mais, comme je l'ai déjà dit, il appartient à l'industrie humaine de seconder autant que possible les forces de la nature. Or, comme tout être vivant peut gagner ou perdre en vigueur, suivant les divers éléments qui constituent son organisme, j'ai voulu rechercher s'il y a moyen de renforcer artificiellement la constitution du ver, en altérant dans certaines parties la méthode suivie jusqu'ici pour la préparation de la graine. Si j'en juge par les heureux résultats obtenus dans quelques essais, il me semble d'avoir aussi atteint ce but.

En effet, au moyen de mes propres expériences et de celles de bacologues distingués, on a trouvé qu'en plongeant la graine dans une préparation de chaux et d'alcool liquéfiés, elle acquiert une telle force, une telle vigueur, que les vers, à conditions égales, sont bien plus à même de résister aux causes funestes tendant à leur innoculer les germes de la gattine. Cette préparation liquide se compose de 1|3 d'alcool à 36 degrés et de 2|3 de lait de chaux. Ce lait s'oblient en plongeant deux hectos de chaux vive dans un litre d'eau. On ne doit se servir de cette eau que lorsqu'elle a repris sa limpidité.

Voici la manière de procéder dans cette opération :

Au moyen d'un morceau d'éponge ou de drap ou d'un peu d'étoupe bien trempé dans le liquide, on mouille et on asperge la graine sur la toile deux fois au moins pendant le temps de la formation de l'embryon, c'est-à-dire le troisième et le quatrième jour après l'emission, en ayant soin d'enlever les papillonnes.

Au mois de février ou au commencement de mars, on détache la graine, on la met dans un verre et on y verse autant de liquide qu'il en faut pour qu'elle soit entièrement couverte; on la laisse dans ce bain pendant huit heures consécutives; ensuite on l'enlève, on l'étend sur une toile ou sur du papier; puis on la fait bien sécher et on la replace dans la chambre de conservation.

Si cette opération a lieu la saison étant déjà plus avancée, il faut proportionner l'immersion à l'élévation de la température. A la fin de mars, 4 heures suffisent. Dans les premiers dix jours d'avril une heure suffira, 30 minutes dans les dix jours qui suivent. Avant l'incubation qui a lieu à la fin d'avril, le bain sera de 10-12 minu-

TABLEAU EXPLICATIF

indiquant le degré de robusticité de la graine en raison directe du nombre des émissions normales et de la durée de l'existence des papillonnes et le résultat de l'éducation d'après l'influence des vents.

DEGRÉS de robusticité de la graine		Quantités des émissions régulières ou irrégulières en raison du degré de vitalité		Durée de l'existence des papillonnes après la ponte	État physiologique et pathologique ou se trouve la graine étant donné le degré de robusticité	Résultat de l'éducation des vers calculé d'après le degré de robusticité de la graine et d'aprés les influences atmosphériques				Produit moyen en cocons provenant d'une éducation faite sur une once de 30 grammes suivant les différents degrés de forces.	RÈGLES A SUIVRE pour prévenir les maladies des vers ou au moins pour en atténuer les effets
						Sud	Nord	Ouest	Est		
Maximum de robusticité		bonnes environ	irrégulières environ	jours environ		contraires	favorables	réguliers	réguliers	kilogr. (1)	1° Le choix de bonne graine en ayant soin de le conserver dans un lieu aéré et d'empêcher qu'il tombe sous une température élevée, de crainte que la graine ne subisse des modifications avant terme ; 2° Vers peu serrés tout de suite après la naissance et pendant les mues ; 3° Quantité de vers proportionné à l'étendue de la magnanerie, ventilation non interrompue pendant l'éducation, avec le degré de chaleur voulue, éviter l'air fixe sur les insectes surtout à la sortier des mues.
Diminution successive	10	90 à 95	5 à 10	15 à 20	sain et sauf	très-bon	très-bon	très-bon	très-bon	De 70 à 80	
	9	80 » 90	10 » 20		prédisposition	bon	—	bon	bon	55 » 60	
	8	70 » 80	20 » 30		av. prédisposition soit	médiocre	bon	médiocre	médiocre	40 » 50	
	7	60 » 70	30 » 40	10 » 15	1re phase latente de	mauvais	—	mauvais	mauvais	20 » 30	
	6	50 » 60	40 » 50		maladie, incubation.	nul	médiocre	—	—	15 » 20	
	5	40 » 50	50 » 60	5 » 10	2e phase de maladie	—	—	nul	nul	5 » 10	
	4	30 » 40	60 » 70		soit de developpement	—	mauvais	—	—	1 » 5	
	3	20 » 30	70 » 80		3e phase, soit de dis-	—	nul	—	—	—	
	2	10 » 20	80 » 90	0 » 5	solution	—	—	—	—	—	
	1	0 » 10	90 » 100			—	—	—	—	—	

(1) Le produit en cocons, sans parler des causes du ressort de la négligence ou de l'ignorance du cultivateur, est en rapport avec les changements atmosphériques ; par conséquent il est plus ou moins abondant selon que le vent prédominant pendant l'éducation aura été plus ou moins favorable.

Chev. MICHEL DELPRINO, médecin.

tes et s'il se manifeste déjà quelque symptôme de maturation, 4 minutes suffiront.

Ces essais ont toujours été heureux pendant cette époque exceptionnelle d'épizootie; et j'ai lieu de croire qu'ils seront non moins satisfaisants pour l'éducateur lorsque nous serons revenus à des circonstances normales.

CHAPITRE IV.

EDUCATIONS DES VERS À SOIE.

§ 1.

Pour obtenir un produit abondant de bonne soie, il faut que le ver à soie parcoure toutes le phases de son existence d'une manière normale, à partir du premier développement du germe dans la graine jusqu'à la complète formation du cocon. Aucune influence pernicieuse ne doit entraver la marche.

L'élément le plus indispensable à ce développement naturel est un air copieux autant que pur. Fourni d'une puissance de respiration répartie en 18 segments mis en communication avec l'air atmosphérique au moyen d'un nombre égal de conducteurs d'air, aucun être vivant ne consomme, proportion gardée autant d'air que l'insecte soyeux et nul n'a une croissance aussi grande dans un aussi petit nombre de jours. Vers la fin de sa dernière phase, il a acquis un poids sept mille fois plus considérable que celui dont il était fourni au début de sa carrière; par conséquent, si, à peine éclos, il consomme un millimètre cube d'air atmosphérique par minute, il en consomme sept mille millimètres quand il arrive à complète formation, en suivant pour arriver à ce résultat une marche progressive sous le rapport de l'air respiratoire et en proportion avec son développement successif; de la sorte, une once au dernier âge en représente sept mille au premier.

Comment satisfait-on à ce besoin impérieux pendant les éducations en suivant les méthodes ordinaires? Si nous les considérons attentivement, nous y trouvons les lacunes et les inconvénients suivants.

Je ne parle pas de l'incubation de la graine; en adoptant pour cette opération le système des chambrettes réchauffées, l'éclosion s'effectue d'une manière régulière. L'éclosion une fois terminée, on entre dans la période de l'éducation proprement dite. Cette dernière, ainsi que je viens de le dire, donne lieu aux inconvénients que je vais mettre en relief dans le paragraphe suivant.

§ 2.

INCONVÉNIENTS DE L'ANCIEN SYSTÈME.

Dans l'éducation j'ai remarqué que:

a) Par défaut d'appareils convenables on se sert d'une espace trop resserré qu'on a l'imprudence de faire occuper par les vers immédiatement après leur naissance et où on les laisse tellement entassés pendant le premier et le deuxième âge, ne voulant pas encore se donner la peine de monter les chateaux dans un local vaste et de bonne ventilation, qu'ils s'étouffent pour ainsi dire réciproquement, tandis que c'est précisément au moment de ces deux périodes qu'on doit leur assigner le plus de place.

b) Les appareils dont on se sert ordinairement pour l'éducation étant très-vastes et fort pesants, à tel point qu'ils ne sauraient trouver place dans les chambrettes où l'on tient les insectes pendant les trois premiers âges, on les laisse dans un espace restreint même à la troisième mue. Il en résulte que beaucoup de vers se perdent et la chambrée entière contracte des maladies qui la feront échouer tôt ou tard.

c) Les clayons sur lequels on éléve les vers pendant les deux derniers âges n'étant pas susceptible d'être transportés, les insectes reçoivent moins souvent et plus imparfaitement une nouvelle litière; bien plus, il arrive fréquemment qu'on jette celle-ci sur le plancher à moitié ou complètement pourrie, humide et puante dans tous les cas; l'appartement devient ainsi une espèce de bouge.

d) C'est aussi grâce à de tels appareils qu'on gâte et qu'on détériore les pièces habitables; aussi un grand nombre de personnes qui seraient enclines à se livrer à cette noble industrie, sont forcées d'y renoncer. Pendant l'enlèvement de la litière, suivant la méthode dont nous parlons, l'air des chambrées se vicie tellement, qu'il est une cause indirecte du développement de la maladie dans les vers ou, tout au moins, il les prédispose à échouer aux dernières phasse de leur existence.

Dans l'enramage en usage, j'ai observé que:

e) Ordinairement on attend un peu tard pour penser à mettre les vers à la bruyère, on veut voir la marche de la chambrée à sa dernière période; il en résulte de graves embarras et quelquefois, comme on est pressé, on se contente de bois humide et répandant une mauvaise odeur; inconvénient auquel on est redevable d'avoir des cocons médiocres et imparfaits; quelquefois il est cause de la perte entière de la chambrée.

f) Même lorsque la bruyère est dans les conditions voulues et prête à point, il arrive qu'un grand nombre de vers tombent des branches; que d'autres, pour trouver un endroit favorable à leur travail, sont forcés d'errer au grand détriment de leur force et du brin; que d'autres enfin arrivent au sommet d'une branche et ne trouvent pas à y nouer leur fil: de la sorte tous ces insectes vieillissent, dépérissent, se conctractent, se racornissent et meurent ou ne forment que des moitiés de cocons d'un dévidage très-difficile. Il n'est pas rare de trouver sur les planchers des chrysalides nues et sans soie; la matière soyeuse a été perdue parce que le ver n'a pas su où aller tisser son enveloppe.

Il faut, ici, remarquer un fait de très-haute importance pour la sériciculture. Ce fait qui produit le plus de dommage à l'éducation, et qui jusqu'à présent, passa inobservé aux yeux des éducateurs, est la perte invisible de la soie, qui s'opère dans les entrailles mêmes de l'insecte, quand il se trouve forcé, après être arrivé à maturitée, à perdre du temps pour trouver la place où se mettre à l'ouvrage. En voici la raison: *quand le ver est mûr et qu'il ne trouve pas de suite la place convenable pour y tisser son enveloppe, la soie qu'il a dans le sèritoire, ne pouvant pas rester stationnaire, acquiert pour ainsi dire trop de maturité, et, par conséquent, elle se consume et se perd, c'est-à-dire que le fil devient mou, mince et se défait, et bientôt la soie est digérée par le ver lui-même.* Cette vérité est demontrée par les chrysalides que, comme nous avons dit plus haut, on trouve mortes, nues et sans soie au moment du décoconnage.

Ce fait mérite la plus grande attention, puisque l'éducateur qui voit les vers de sa chambrée aller à la bruyère, et beaucoup d'entre eux ne pouvoir se placer tout de suite, doit savoir d'avance que la récolte ne répondra pas à ce qu'il avait le droit d'attendre.

On peut aussi expliquer, par ce moyen, la raison de la grande quantité de demis, ou mauvais cocons qu'on trouve aux filatures et les difficultés de leur dévidage. *Ainsi donc la bonté comme la beauté du cocon dépendent de la place plus ou moins convenable où il a été tissé sans perte de temps de la part du ver à soie. Sans ces deux conditions le cocon sera moins régulier et moins riche en soie.*

Cette circonstance me fit entrevoir que, moyennant un boisement propre à offrir promptement à l'insecte une bonne place, on en aurait tiré un meilleur revenu soit pour la qualité que pour la quantité. En effet par les observations faites il résulte que une chambrée de vers mûrs et allés à la bruyère selon l'usage ordinaire lors même que l'enramage est bien fait, perd complessivement environ 20 heures pour pouvoir se mettre toute à l'ouvrage, et que cette perte de temps est naturellement plus grande, lorsque l'opération de la bruyère a été mal faite.

g) Avec le système actuel de bruyère, il arrive souvent que deux et même trois vers choisissent le même endroit et donnent ainsi lieu à un nombre considérable de doubles, ce qui occasionne une perte sensible, surtout pour certaines races et en certaines saisons.

h) Quelquefois le ver commence à filer son cocon dans un endroit où il est gêné par une branche; dans ce cas, il travaille d'abord du côté où il ne rencontre pas d'obstacle; il se tourne ensuite vers cellui-ci, il y dépose une certaine quantité de brins qu'il pousse avec son dos pour lui donner la forme du cocon: étant ainsi occupé, il s'arrête souvent, son fil devient tellement faible dans cette position gênée qu'il se casse ensuite facilement à la bassine; au surplus, les cocons filés de la sorte offrent un grand nombre de costes qui font rompre fréquemment le fil qu'on porte au dévidoir.

i) Les vers étant placés dans la bruyère pêle-mêle les uns au-dessus des autres, il en résulte que les cocons qui se trouvent au bas sont tachés par les déjection des insectes qui sont au-dessus d'eux; grâce à ces taches, le cocon ne peu plus se dévider. Il arrive bien quelquefois aussi que ces taches sont l'effet de la chrysalide qui est dans la coque et qui n'a pas été étouffée à temps; mais elles proviennent le plus souvent de la cause dont nous venons de parler.

l) D'après la méthode usuelle, il est impossible que quelques cocons ne soient pas tachés par les vers morts dans la litière; quand il en est ainsi, on rencontre un dévidage difficile et ils salissent l'eau et l'altèrent, de sorte que si on ne la renouvelle pas souvent lorsque elle est troublée, toute la soie de cette chaudière sera moins élastique, moins brillante et plus faible.

m) Comme on est obbligé d'occuper une grande partie de l'espace sur les planchers, il est difficile de placer la bruyère de manière à ce qu'elle n'intercepte pas le passage de l'air et ne cause l'asphyxie d'un certain nombre d'insectes, notamment de ceux qui se trouvent aux étages supérieurs.

Enfin, quand il arrive malheureusement que la chambrée est visitée par l'atrophie, on est obligé de changer entièrement l'appareil d'éducation, parce que, vu sa conformation, il n'est pas susceptible d'être suffisamment désinfecté pour que l'on n'ait pas à craindre le retour de la maladie l'année suivante. Si, à tous les inconvénients que nous venons d'énumérer on ajoute celui du temps que exigent le décoconnage, le nettoyage des magnaneries et la réparation des ustensiles, on peut affirmer en toute sincérité et sans exagération que, an par an, on éprouve une perte d'aumoins 20—15 0|0, parce qu'on manque des appareils nécessaires à l'éducation et à la mise à la bruyère, sans parler de la peine et des soucis qui en sont inséparables.

Je crois avoir obvié à ces inconvénients au moyen de l'appareil isolateur représenté par la planche A, dont voici la description.

§ 3.

Il est formé de deux parties: de la cabane ou caisse *(castello o custodia)* et de l'armature *(inramatura)*. Aux cabanes pesantes avec des claies de grandes dimensions, j'en ai substitué de légères avec de petits planchers mobiles *(palchetti)* dont la surface n'excède pas un mètre de longueur sur 50 centimètres de largeur.

J'ai remplacé l'armature faite des branches de différentes plantes par l'armature cellullaire, la coconnière à cases.

Les avantages qui découlent de mon système portent, les uns sur la cabane elle-même, les autres sur l'armature, d'autres enfin sur l'appareil pris dans son ensemble.

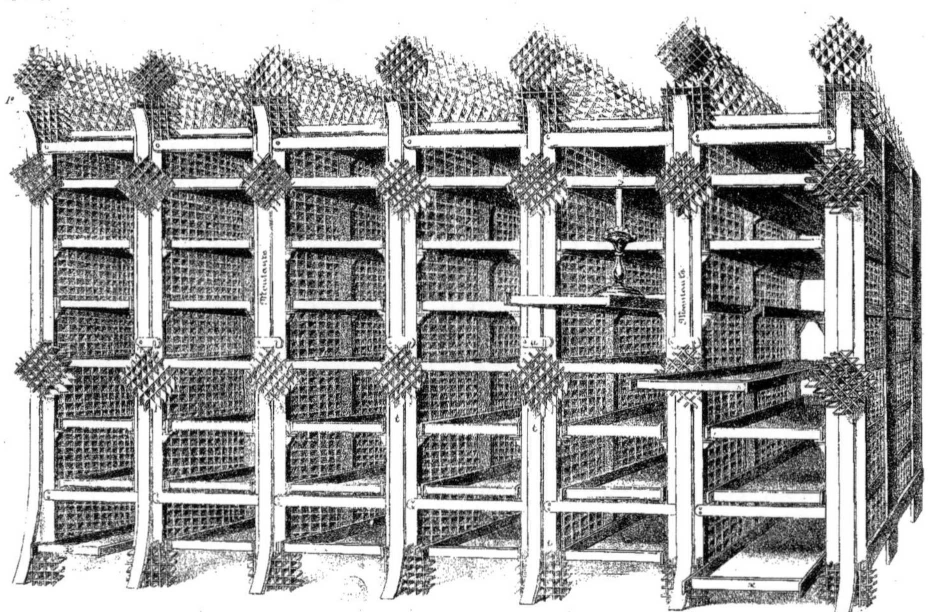

APPAREIL CELLULAIRE-ISOLATEUR POUR L'ÉDUCATION DES VERS A SOIE

Pouvant trouver place dans quel appartement que ce soit, sans le détériorer, ni nuire à sa propreté. Au moyen de cet appareil, l'éducation n'est plus qu'un amusement de famille et les avantages qu'il offre lui donnent la supériorité sur tout autre système avec un gain qui n'est jamais au dessous du 15 %.

Armoire à monter
Armoire montée
a Montant
b Liteaux longitudinaux
c Réglets trasversaux
d Planchers
u Verrou d'attache
e Espace entre les armoires

Pl.e 5.

Manière d'assembler les liteaux

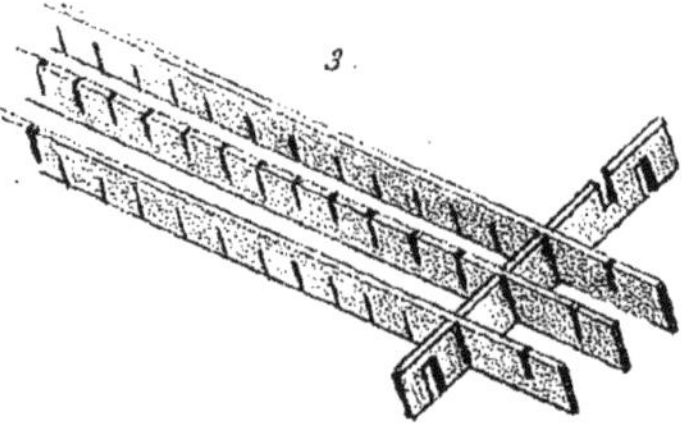

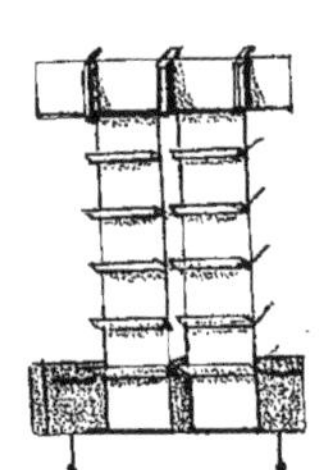

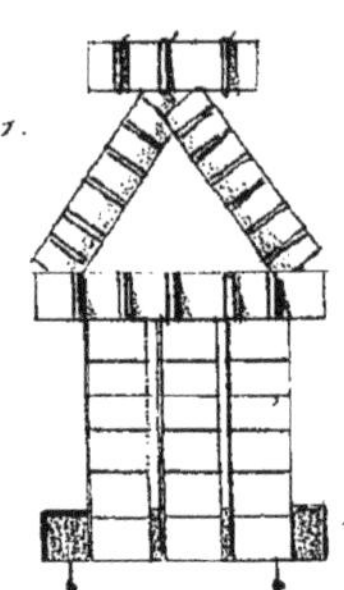

Manière d'empoigner e manier les coconnières vides.

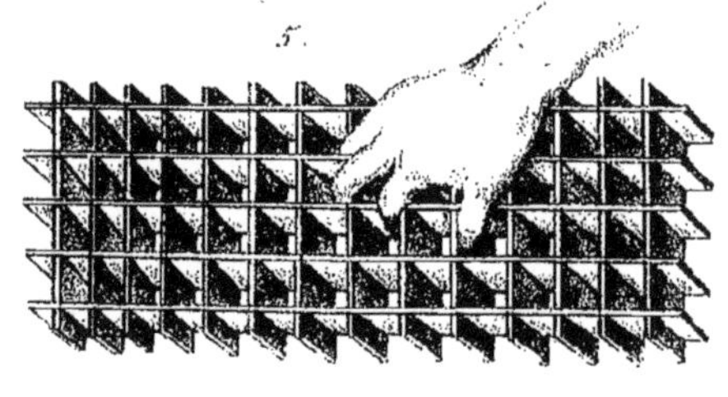

Manière d'attrapper les coconnières pleines

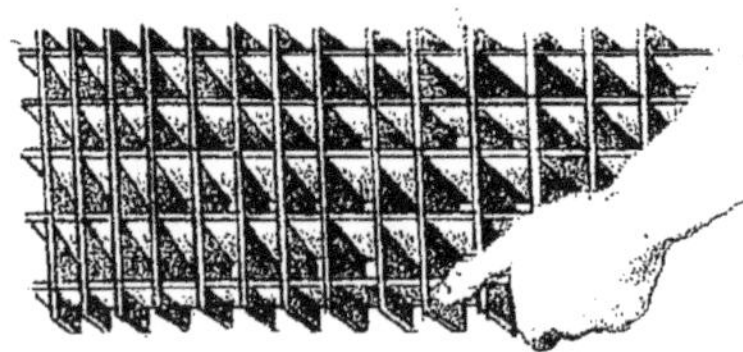

Manière de placer les coconnières sur le haut du chateau.

Manière de placer les coconnières une à côté de l'autre, de façon que le ver n'occupe point deux cellules.

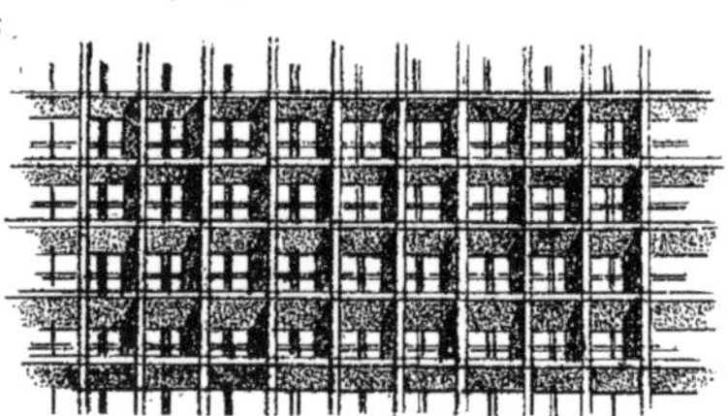

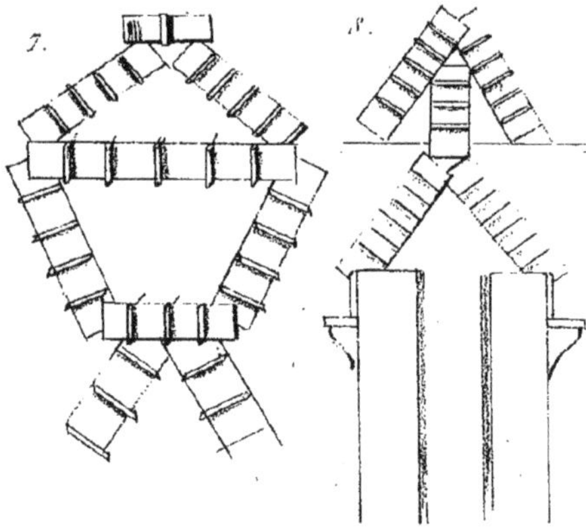

Manière de placer les coconnières sur les réglets

Pl.e 6.

Appareil vu de face

Fig. 1. Plancher.
Fig. 2. Manière de s'en servir pour la distribution de la feuille & la mue.
Fig. 3 et 5 Position de la coconnière avec verron, sur l'étage supérieur de l'appareil.
Fig. 4. Placement des coconnières dans les côtés extérieurs de l'appareil.

Avant d'en arriver à la description du système, je dois faire l'observation suivante:

Ceux qui étant pourvus des cabanes ordinaires désirent s'en servir jusqu'à ce qu'elle soient hors d'usage, peuvent'ils y adopter l'appareil cellulaire? Oui, ils le peuvent; l'appareil cellulaire peut s'appliquer aux cabanes ordinaire avec la plus grande facilité et en très-peu de temps.

La manière de s'y prendre est varié à l'infini, mais l'introduction des cellules peut se faire quelle que soit la forme, quelle que soit la grandeur des châteaux et des clayons, comme il sera démontré ci après.

§ 4.

Maintenant j'en viens à la description de mon appareil au quel j'ai donné le nom de *Cellulaire isolateur*.

Comme je l'ai dit plus haut, il se compose de deux parties: de la cabane et de la coconnière à cellules.

La première est formée des montants et des planchers. Les montants consistent en six petites colonnes auxquelles sont unies autant de lames horizontales placées en sens longitudinal, qu'il y a de planchers à soutenir.

Quatre autres lames (listeaux) sont en sens transversale. Sur les lames longitudinales reposent et glissent les planchers qu'on peut faire mouvoir en avant et en arrière en se tenant à l'un ou à l'autre bout. Le long des lames longitudinales et en regard des côtés de chaque plancher on place les coconnières lorsque le moment est venu.

Les cabanes dont la description précède sont de six ou de huit étages; la distance d'un étage à l'autre ou d'un plancher à l'autre est de 28 centimètres; celles à six étages peuvent être servies par toute personnes qui est debout, sans le secours d'un escabeau; celles à huit étages demandent qu'on se serve d'une banquette de la hauteur d'une chaise ordinaire pour le service de l'étage supérieur.

Le nombre des planchers pour l'éducation d'une once avec un produit de 60 kil. de cocons, est de 48.

La cabane s'appelle plus proprement caisse (*custodia*). Deux ou plusieurs caisses forment un appareil; par conséquent, l'appareil pour une once de graine est de six et huit caisses, suivant que la cabane a huit ou six étages.

§ 5.

MANIÈRE DE JOINDRE LES MONTANTS.

Les montants sont ajustés par l'éducateur qui en relie les différentes parties venues de la fabrique au moyen de vis.

On reçoit de la manifacture les six petites colonnes et leurs lames latérales déjà unies entre elles; l'éducateur n'a qu'à mettre à leur place les quatre lames transversales qui relient l'un à l'autre les deux côtés.

L'endroit où il faut placer ces lames transversales est indiqué par des trous pratiqués dans les lames mêmes. Le montage s'opère au moyen de pitons faits exprès et qu'on a reçus de la fabrique en même temps que les autres objets.

Une fois que les montants sont ajustées, il ne reste plus qu'à mettre les planchers en place et la caisse est faite.

Ensuite on met les caisses à côté l'une de l'autre et on les joint ensemble au moyen de deux crochets en bois placés aux extrémités des caisses.

Deux caisses (custodia) étant mises à côté l'une de l'autre il y a entre elles un vide d'environ 5 centimètres. Ce vide est couvert par une bandelette qui a son avantage. Elle sert d'appui à quatre petites coconnières qui servent d'asile aux vers qui se trouvent près de la et qui demandent à travailler. Cette bandelette ou ce montant est maintenu en place par le crochet de bois ou crampon, qui joint ensemble les deux caisses voisinese.

§ 6.

MISE A LA BRUYÈRE.

On commence par mettre le bois dans les cases des faces mitoyennes et on finit par les faces latérales.

On part de l'étage inférieur pour finir à celui d'en haut.

Pour exécuter cette opération, dans les faces mitoyennes, on prend une coconnière à chaque main en les saisissant par les cases; on les fait pénétrer dans l'intervalle offert par les deux caisses voisines, de manière à ce que les extrémités supérieures des coconnières s'appuient l'une contre l'autre et que les extrémités inférieures reposent sur les lames longitudinales; il en résulte un cône tronqué à base renversée. Au sommet de ce cône on met une coconnière en sens vertical. On suit cette méthode pour tous les étages.

Arrivé au dernier étage, la mise à la bruyère ne se fait plus exactement de la même manière : on place le deux coconnières verticalement dans les vides existant entre les deux lames longitudinales du haut des montants ; au sommet de ces deux conconnières, on en met une ou deux, en sens horizontal et deux autres en sens vertical sur ces dernières, en ayant soin de les pencher l'une vers l'autre de manière à ce que cette pièce d'armature ait la forme du toit d'une maisonnette.

Pour mettre la bruyère aux côtés extrêmes de l'appareil, on place la coconnière sur les biseau intérieur du montant et en l'appuyant sur une autre lame extérieure qui est plus haut.

Arrivés à l'étage supérieur de ces deux côtés, on place, dans l'intérêt de la symétrie et de l'élégance, en dehors de la ligne supérieure des coconnières, une autre rangée de coconnières sembables qu'on joint ensemble au moyen d'un piton *ad hoc*. Enfin on places sur leur sommet les coconnières horizontales, puis sur ces dernières, les coconnières inclinées.

Cette forme d'armature est simple, facile et élégante; elle n'est cependant pas la seule que l'on puisse adopter. Quand on est un peu habitué à ce mécanisme, on trouve une foule de changements qui n'ont pas seulement l'avantage de l'utilité, mais encore celui de la plus grande variété de forme.

Ce genre d'armature est tout à fait en rapport avec le travail du ver à soie; celui-ci s'y établit et ne tarde pas à en interdire l'entrée grâces a quelques brins passées en travers de l'ouverture.

Néanmoins, ce genre d'armature n'exclut pas entièrement les vers errants; parmi ceux-ci, quelques uns tombent, quoiqu'en bien moins gran nombre qu'en suivant le système ordinaire.

J'ai cherché aussi à protéger ces petits égarés contre tout dommage. Le plancher inférieur est coupé en deux ou, pour mieux dire, il se compose de deux demi planchers qu'on tire tant soit peu en dehors, chacun de leur côté, au moment de la montée. *(Voyez planche A, lettres XX)*; de cette manière, si quelque ver vient à tomber, il rencontre ce plancher *(palchetto)* et ne se fait point de mal.

Dans l'espace peu considérable qui sépare un plancher de l'autre, on étend un petit morceau de carton, ce qui complète la ligne qu'on peut appeler de *parachute (Salva cadute)* (1).

§ 7.

ENLÈVEMENT DES COCONS DE DESSUS LA BRUYÈRE.

On commence cette opération par les coconnières les plus élevées de l'étage supérieur et la progression est de haut en bas.

Après avoir enlevé la coconnière de sa place, on examine à contre jour, s'il ne s'y trouverait pas quelque vers morts et s'il y en a, on les enlève soigneusement pour que les cocons n'en soient pas tachés; en suite, par une légère pression des doigts, on pousse les cocons hors des cases, on les nettoie et on les remet dans les paniers.

Si, en accomplissant cette opération, on veut gagner du temps, on se sert de la petite machine que j'appellerai *chevalet à déconner* (*Sbozzola*). Dans ce cas il faut commencer par enlever les chiques qui se trouvent dans le casier; ceci étant fait, on place le chevalet sur un plan horizontal et on y superpose la coconnière. Au moyen d'une pression convenable exercée sur les quatre coins de cette dernière, tous le cocons sortent en même temps de leur cellules;

---

(1) A première vue, il pourra sembler que la dernier étage des cabanes a été tenu trop bas.

Ce serait là une observation pleine de justesse, si l'on ne pouvait pas avancer les planchers ou les enlever pour distribuer la feuille aux vers et opérer les mues; mais ils sont tres-commodes et se prêtent admirablement à toutes ces opérations, ce qui est dû en bonne partie à ce que les planchers de l'étage d'en bas sont divisés en deux. D'un autre côté, ce n'est qu'à la fin des éducations que l'on met des vers à l'étage inférieur et même dans celui qui est immédiatement au-dessus de lui; par conséquent, il n'est gênant que pour quelques jours et encore les embarras qu'il nous donne sont bien peu de chose en comparaison de la peine que l'on a pour monter au sommet des hautes cabanes.

Pl.e 7.

Décoconnière
avec sa coconnière par dessus.

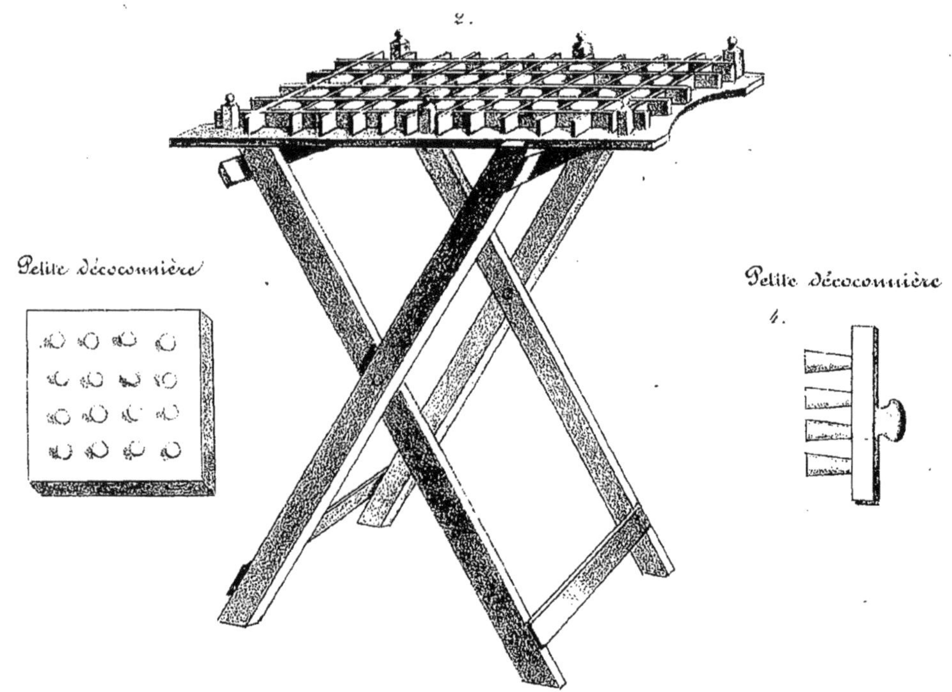

Décoconnière (simple)

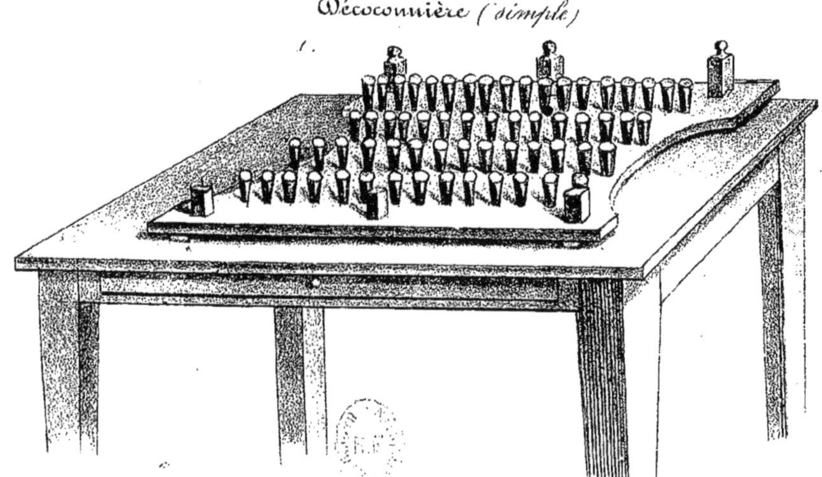

alors il ne reste plus qu'à les rassembler, ce qui est l'affaire d'un moment, à les nettoyer et à les mettre en place. (1).

Après avoir fini de rassembler les cocons, on démonte l'appareil cellulaire isolateur.

Celui qui a su en réunir les differentes parties a aussi apris à les séparer.

Séparées les unes des autres, on les nettoie, comme c'est expliqué au chapitre suivant et on les met de côté pour la campagne suivante.

§ 8.

MANIÈRE DE SE SERVIR DE L'APPAREIL POUR LA DISTRIBUTION DE LA FEUILLE.

La première difficulté avec laquelle l'éducateur a à compter en suivant ce système, c'est de s'habituer au *va-et-vient* des planchers.

D'abor, on craint de faire du mal aux vers, et l'on préfère distribuer la feuille sur place.

Et pourtant il n'en est rien ; le mouvement des planchers sur lesquels se trouvent les insectes, ne leur nuit en aucune manière, même au moment de la mue : l'expérience a au contraire démontré que plus on les remue dans un sens horizontal quelconque, moins la chambrée est exposée à la maladie.

Par conséquent, lorsque vous commencez de distribuer la feuille, tirez les planchers en dehors et cela jusqu'à concurrence du tiers environ de leur longueur, c'est-à-dire de manière à ce qu'ils soient encore solidement assis sur les montants; pour plus de commodité, poussez en sens opposé le plancher qui est au-dessus de celui que vous avez tiré de votre côté.

De la sorte, tous les soins que vous avez à donner aux vers deviennent faciles et commodes. Généralement, il ne faut se servir que d'un seul côté de l'appareil pour procéder aux opérations requises par le besoins des insectes.

Lorsqu'il veut donner à manger aux vers de la première *caisse* (*custodia*) l'éducateur se met en face de la seconde, puis en se tournant de côté, il tire à lui le plancher supérieur, comme on l'a dit

(1) Le chevalet est de deux grandeurs; l'un a 52 tampons, l'autre 16. On se sert du premier de la manière indiquée ci-dessus; le second, au contraire, fait les fonctions d'une main qui aurait 16 doigt.

plus haut; après avoir distribué la feuille, il repousse le même plancher en le faisant sortir d'un tiers du côté opposé, en faisant attention de ne pas trop le dégager, de crainte qu'il tombe. Cela étant fait, on opère de la même manière avec le second, le troisième et ainsi de suite, ce qui est d'une exécution aussi simple que facile.

Au fur et à mesure que les insectes se développent, il faut ajouter d'autres caisses, afin qu'il y ait toujours le nombre de planchers voulus pour chaque âge. (*Voir chapitre VII*, § 3.)

Pour y voir clair pendant la nuit, on place des candélabres ou des lampes sur les angles des planchers qui font saillie et sur lesquels on forme une petite surface plane au moyen d'une planchette ou d'un morceau de carton. (*Voir planche A, lettre C*). La lampe se déplace suivant les besoins, même en avançant ou en reculant le plancher sur lequel elle se trouve.

Plus on applique ce système sur une grande échelle, plus considérables sont les avantages qu'on en retire.

Si, pendant une éducation, on a le moyen de mettre un appareil devant un autre en laissant entre les deux un passage d'un mètre et 10 centimètres (ce qui suffit pour transporter les planchers et la litière, alors les soins à donner aux vers deviennent plus faciles. En effet l'éducateur se place entre les deux appareils ; il commence à une des extrémités de la cabane, prend un plancher à gauche et l'avance d'environ 25 centimètres; il prend ensuite celui de droite, l'appuie sur le plancher de gauche qui a été tiré et il y met la feuille. On continue de la même manière pour tous les planchers et l'éducateur, sans changer de place, si ce n'est pour monter sur un tabouret ou sur une chaise pour les étages supérieurs, peut servir 32 planchers.

§ 9.

MUE DES INSECTES.

Du moment que les planchers peuvent se détacher de l'appareil, il est aisé de comprendre combien cette opération devient facile.

Quoiqu'on ne se serve de tous les planchers qu'aux trois derniers jours de la cinquième période, il est cependant indispensable d'en avoir 3 ou 4 de réserve. Cela étant, on en prend un, on le met sur

Pl.e 8.

Table simple

pour recevoir les tablettes dans diverses occurrences, telles que la mue, la distribution des feuilles et autres semblables

une table qui puisse en contenir au moins deux; à défaut, on les met par terre. Ensuite on degage entièrement le plancher qu'on veut changer; on le transporte près de celui qui est vide et les vers de celui-là sont transférés dans celui-ci. Ce dernier va prendre la place du premier dans l'appareil et l'on va nettoyer à l'endroit à ce destiné celui qui contient la litière.

Cette transposition des vers peut s'effectuer à la main avec les filets ou avec du papier troué. Ceux qui connaissent les avantages de ce dernier, comme aussi des filets, font volontiers la dépense insignifiante qu'entraîne leur acquisition.

Cependant, il est bon de faire observer qu'en se servant des planchers mobiles, les morceaux de papier ou les filets ne doivent avoir que 50 centimètres de carré; de cette manière, toute personne est à même de les manier seule; au surplus, il durent plus longtemps.

Quand il y a deux personnes dans la magnanerie, on peut procéder à la mue d'une façon différente. Dans ce cas, l'une de ces personnes tient le plancher propre et l'autre y introduit les insectes; ensuite elle dégage entièrement le plancher mobile sur lequel ils étaient et elle va le nettoyer; elle le met de côté, pour en emporter trois ou quatre à la fois. Pendant ce temps-là, l'autre personne remet en place dans l'appareil et dans les cases restées vides le plancher mobile avec les vers dont la litière a été enlevée.

Si, dans la magnanerie, il se trouve deux appareils de front, la mue peut facilement s'effectuer d'après la méthode indiquée au paragraphe précédent pour la distribution de la feuille, c'est-à-dire en dégageant un peu un plancher et en appuyant dessus celui qui est en face et qu'on a tiré aux 4|5 environ.

Dans ce cas, il est bon d'observer que le plancher mobile de rechange doit être mis à une distance convenable, ce qui se fait en approchant de 20 centimètres à peu près deux planchers placés vis-à-vis dans les étages inferieurs, et en y superposant ensuite le plancher vide. Quand on change les planchers mobiles d'en bas, on suit la même règle, en ayant soin cependant de placer plus haut le planches débarrassé.

Quoi qu'il en soit, la manière la plus avantageuse est celle dont nous avons parlé plus haut et qui consiste à mettre le plancher sur une table, à opérer la mue et à changer la litière.

Je dirai de plus qu'une dame ayant le goût de cette noble occupation, peut donner aux vers tous les soins qu'ils réclament (la mise à la bruyère exceptée) sans cesser d'être assise près de la table, pourvu que des personnes de service apportent un à un les planchers mobiles et les remettent en place. C'est là un des passe-temps les plus agréables et les plus productifs auxquels une dame bien pensante puisse se livrer.

Telle est l'opinion formulée par une personne qui en a fait elle-même l'expérience.

CHAPITRE V.

OBSERVATIONS INTÉRESSANTES.

1. Pour transporter les coconnières dégarnies de cocons, il faut introduire tous les doigts de la main dans les petites cellules qui se trouvent le plus à son centre, puis, la comprimant d'un effort égal avec tous les doigts, lever la coconnière et la placer à l'endroit qui lui est destiné.

Lorsqu'elles sont pleines de cocons, il faut saisir plusieurs planchettes en agissant avec les doigts sur le centre où celles-ci convergent et jamais sur les côtés où elles se croisent. En agissant de la sorte, on peut aussi manier les coconnières vides, sans qu'il s'en suive de ruptures, mais s'il venait à se casser un ou plusieurs côtés des cases, il n'y aurait pas grand mal. On peut toujours les recoller avec du papier gommé ou des pains à cacheter, et si le morceau manque, on le remplace par du papier que l'on colle avec de la gomme, des pains à cacheter ou du blanc d'œuf; réparées de cette manière, elles feront le même usage que si elles étaient neuves.

2. De la manière dont les coconnières sont placées dans l'appareil que nous avons décrit, il est difficile que beaucoup de vers aillent s'accumuler au faîte; si on veut les empêcher de franchir les limites de leur étage, on n'a qu'à mettre une coconnière de trois planchettes et en sens horizontal dans l'espace vide qui se trouve entre les caisses (*custodie*), c'est-à-dire sur le cône tronqué des deux coconnières qui sont immédiatement au-dessous; cela fait, on met un morceau de papier dessus et le but est atteint.

On obtient le même résultat en mettant un morceau de papier sur les lames (*regoli*), de manière à ce qu'il couvre tout l'espace vide;

au-dessus de celui-ci l'on place les coconnières ordinaires de côtés, et au milieu et en sens vertical la petite coconnière.

3. Pendant la montée des vers sur les coconnières, il faut, tout aussi bien qu'avant, avancer ou reculer les planchers mobiles (*palchetti*) et cela à tous les étages, pour distribuer la feuille aux vers ou pour les changer. Seulement, il faut prendre la précaution suivante.

On tire le plancher mobile en avant et en arrière de quelques millimètres et cela pendant 4 ou 5 secondes. Grâce à cette mesure, le ver qui montait, redouble de diligence pour atteindre les coconnières et quitte le plancher; celui qui voulait monter, s'efface ou recule pour éviter le choc des planchettes qui sont au-dessus. C'est là une opération des plus simples et qui est à la portée de tout le monde; elle suffit pour empêcher qu'il ne se gâte jamais un seul ver dans toute la chambrée.

4. L'insecte préfère les petites cases ou cellules à tout autre mode, mais il veut y entrer de son chef (c'est dans l'instinct du ver de ne pas vouloir faire son cocon là où on le met). Aussi ne manque-t-il jamais d'en sortir, toutes les fois qu'il y aura été mis par l'éducateur.

5. Parmi les insectes, il y en a qui, par instinct, montent le plus haut possible, quelle que soit la manière dont le bois aura été mis. Par conséquent, que l'on ne s'effraie point si la même chose se produit en suivant le mode cellulaire de mise à la bruyère; d'abord, cela arrive bien moins souvent avec le nouveau système, puis, une fois arrivés au sommet des coconnières, ils ne tardent pas à redescendre pour aller prendre place dans une des cases vides.

6. Sur la bruyère cellulaire on ne doit jamais superposer d'autre armature. Seulement, il ne faut mettre en place les coconnières de complément que lorsque presque toutes les cases de celles placées auparavant sont occupées, et lorsqu'il n'y a plus qu'un petit nombre de vers non casés.

Les coconnières de complément sont celles à trois petites planches, de forme rectangulaire; les coconnières ordinaires peuvent aussi servir, en les adaptant au mieux des circonstances.

Cependant rien ne s'oppose à ce qu'on revête les parties latérales de l'appareil avec des feuilles de papier ou avec de la toile préparée à cet effet, soit que l'on veuille tempérer la lumière ou combattre les courants d'air.

7. Quelques planchers mobiles et quelques coconnières de réserve rendent quelquefois des services qui dédommagent amplement de la dépense qu'a occasionnée leur emplette. (1)

8. Lorsque les vers de quelques planchers mobiles sont montés en grande partie sur les coconnières, on réunit ceux qui restent et on les met sur un seul plancher; on enlève alors les planchers dégarnis. La montée étant ainsi achevée, tous les planchers doivent être enlevés à l'exception de ceux qui servent d'infirmerie.

Celle-ci, formée des vers les plus faibles et les plus paresseux, doit être placée à l'étage supérieur; dans le cas, cependant, où ils seraient malades et répandraient quelque mauvaise odeur, il faudrait la transporter dans un autre endroit.

L'éducation étant faite d'après le système que je viens de décrire, l'éducateur verra, à sa grande satisfaction, tous le vers filer leur cocon plus vite et mieux qu'en suivant la méthode ordinaire.

Les derniers soins consistent à tenir la magnanerie continuellement aérée et à y maintenir la température nécessaire qui, dans ce cas, ne devrait jamais être au-dessous de 16 degrés Réaumur, afin que l'insecte, sans suspendre son travail, puisse former un cocon égal et ferme, ce qui est indispensable pour obtenir un resultat supérieur.

9. Le bois qui convient le mieux pour la mise à la bruyère des vers est celui du pin, du mélèze, du sapin, du hêtre, du peuplier.

Si l'on avait à remplacer quelque pièce de bois dans les assemblages, il faudrait éviter de se servir de l'aulne qui est antipathique à l'insecte soyeux et semblerait être de nature à lui occasionner quelque malaise, si ce n'est l'atrophie.

10. Si les petites planches dont on se sert pour former les coconnières consistent en un mélange de bois de pin et de peuplier, les vers y montent et s'y établissent plus volontiers.

CHAPITRE VI.

NETTOYAGE DES PIÈCES D'ASSEMBLAGE.

On profite d'une belle journée d'été ou de printemps pour nettoyer les pièces dont se compose l'appareil. Il faut commencer d'abord

(1) Chaque planche mobile peut contenir de 500 à 600 vers arrivés à maturité, cela dépend de leur volume. Chaque coconnière ordinaire renferme 90 cellules; l'armature pour un appareil de six caisses en contient environ 30 mille.

I.e 9.

Manière d'arranger les tiroirs ou tablettes pour être expédiées, ou mise de côté après s'en être servi.

par enlever les brins soyeux dont elles pouraient être recouvertes çà et là, quelques bonnes flambées suffiront pour cela, ensuite on les lave dans de l'eau de chaux. Voici comment elle se prépare :

On remplit d'eau un récipient quelconque dans lequel on jette de la chaux vive dans la proportion approximative d'un kilogramme par hectolitre d'eau.

Cette solution débarrasse les pièces de l'appareil de tous les miasmes dont elles pourraient être infectées, ce qui arrive fréquemment à la fin d'une éducation ; au surplus, elle a un bon effet sur le résultat de l'éducation suivante et elle protége le bois contre les gerces. Le nettoyage étant achevé, les pièces de l'appareil se remettent à leur place, mais il faut faire attention à ce qu'elles soient disposées convenablement, de crainte qu'elles voilent ou prennent de mauvais plis.

CHAPITRE VII.

AVANTAGES DU SYSTÈME CELLULAIRE-ISOLATEUR.

§ 1.

Quant aux engins ces avantages consistent:

1° En ce que l'on a des ustensiles qu'un chacun peut manier ;

2° En ce qu'on peut les monter et les placer avec la plus grande facilité, avec la plus grande célérité, et cela au fur et à mesure qu'on en a besoin ;

3° En ce que l'espace indispensable aux vers ressort toujours du nombre des planchers mobiles ; par là on évite une agglomération trop considérable de vers sur le même point, ce qui estsi contraire à la marche des insectes, surtout au premier âge.

4° En ce qu'on peut tenir séparés les vers de différents âges ;

5° Dans la facilité et la commodité avec laquelle on peut distribuer la feuille aux vers en avancant et en reculant les planchers mobiles ;

6° En ce que l'on peut changer et nettoyer les insectes sans jamais rien déranger dan la chambre tout en évitant les méphitiques émanations ;

7° Dans l'aisance avec laquelle on peut transporter en bas les vers qui étaient en haut ou d'un appartement dans un autre, pour leur épargner les inconvénients d'une chaleur accablante ;

8° Dans le peu d'espace occupé dan les appartements par les appareils, ce qui permet à l'air de circuler bien plus librement, notamment au-dessus des cabanes, condition indispensable pour une bonne réussite de l'éducation.

§ 2.

AVANTAGES INHÉRENTS AU SIYSTÈME CELLULAIRE.

Les avantages qui découlent du système cellulaire, soit à coconnières, consistent :

1° En ce que le premier venu peut en assembler et désunir les pièces, pourvu qu'on ait les planchettes avec les rainures voulues;

2° Dans la certitude d'avoir toujours sous la main la bruyère consistant en bois sec et agréable aux insectes, surtout si on l'expose pendant quelques heures au soleil, ou si on le chauffe de toute autre manière;

3° En ce que l'on peut effectuer la mise à la bruyère avec la plus grande aisance et en très peu de temps, sans jamais changer les vers de place et sans leur nuire, quel que soit du reste le genre de claies de planchers ou de canisses dont on se sert;

4° En ce que l'on obtient une distribution de la bruyère tellement agréable à l'insecte, que, alerte ou paresseux, il peut également s'y établir soit dans les étages superieurs soit dans ceux d'en bas;

5° Dans la dimension étudiée des cellules où ils peuvent difficilement travailler à deux, de sorte qu'on évite presque entièrement l'inconvénient des doubles (1) et celui des cocons de forme irrégulière ou défectueuse;

6° En ce que le ver est à même de se caser tout de suite et de se mettre à travailler dans un endroit où il n'est jamais dérangé, de manière qu'il file sans s'interrompre (à moins que la température ne vînt à baisser d'une manière sensible), et il met toute sa soie dans

(1) Quelques races de Portugal, dans les éducations faites d'après l'ancien système, donnent de 30 à 40 0|0 de doubles; avec la mise au bois cellulaire, elles n'ont jamais dépassé le 6 0|0. Mais en faisant usage de coconnières placées verticalement et hors de portée de pouvoir involontairement former des angles avec les objets voisins, la quantité des doubles est borné aux 2 et, au plus, au 3 p 0|0.

son cocon, ce qui fait que ce dernier est plus achevé et d'un dévidage plus facile;

7° En ce que, par là, il est presque entièrement obvié à l'inconvénient des vers déplacés ou tombés, ce qui était cause que beaucoup se perdaient en suivant l'ancienne méthode;

8° En ce que l'on évite l'inconvénient des déjections sur les vers ou sur les cocons, inconvénient inséparable de l'ancienne mise au bois.

§ 3.

AVANTAGES COMMUNS AUX DEUX SYSTÈMES, ISOLATEUR ET CELLULAIRE.

Les avantages communs aux deux systèmes, isolateur et cellulaire, consistent:

1° Dans l'économie de la main d'œuvre, qui dépasse le 6 0|0;

2° Dans l'économie annuelle de la mise à la bruyère, ce qui, en moyenne, représente également le 6 0|0 et plus;

3° Dans une plus grande quantité de cocons plus beaux, plus uniformes et presque sans doubles, avantages représentant au moins le 6 0|0.

4° En ce que l'on peut mettre les appareils dans une appartement quelconque, sans y causer de dégradations; il en résultera qu'un grand nombre de demoiselles s'adonneront avec plaisir à cette noble et intéressante industrie;

5° En ce que le maître peut facilement contrôler le nombre de cocons; en effet, il ne saurait en être enlevé un seul des cellules, sans qu'il y paraisse;

6° En ce que l'on peut nettoyer et désinfecter complétement les diverses pièces de l'appareil, de manière à les avoir comme neuves pour la campagne suivante;

7° En ce que l'on peut s'en servir pendant de longues années sans y faire de réparations coûteuses, lors même que le propriétaire les appliquerait quelquefois à d'autres usages, pour faire sécher les raisins, par exemple, ou pour conserver les fruits etc.;

8° Enfin, avec les nouveaux sistèmes, on évite, et on prévient tous les inconvénients inhérents aux anciennes méthodes d'éducation, inconvénients indiqués au chapitre I, sans entraîner eux-mêmes le moindre désagrément. C'est tout ce qu'il faut pour que l'éducateur soit satisfait et c'est ce qui en fait une véritable méthode de progrés, dont la sériciculture ne peut que bénéficier en l'adoptant.

§ 4.

AVANTAGES DU SYSTÈME AU POINT DE VUE DU FILATEUR.

Les avantages qui découlent du système en faveur du filateur (en supposant même qu'il paie les cocons le 5 0|0 plus cher, attendu qu'il n'y a pas de doubles), consistent en ce qu'il aura des cocons plus beaux et d'un meilleur dévidage, par conséquent, un rendement à moins de frais, plus considérable et meilleur, ce qui lui vaudra un gain de plus du 4 0|0, en prenant pour point de départ le résultat qu'il aurait obtenu en suivant l'ancien sistème de mise à la bruyère.

§ 5.

AVANTAGES AU POINT DE VUE DE LA NATION ET DU GOUVERNEMENT.

Ces avantages consistent :

1° Dans le développement que prendront les éducations grâce à l'élégance des appareils, ce qui leur ouvre la porte du palais même le plus gracieux, et grâce à ce qu'ils deviennent une distraction plutôt qu'un ennui pour celui qui est tenu à prêter ses soins aux vers;

2° Dans le gain de 10 et plus millions de soie par an, somme qui représente la perte que l'éducateur supportait sous l'ancien système par le fait des doubles; produit par l'ancien genre d'enramage, oultre aux sommes considérables qu'on pourra tirer du prix plus elevé des cocons tissés, sans perte de temps et de matière, dans les petites cellules si chères aux vers.

3° Dans la certitude où l'on est que nos soies auront peu de chose à craindre de la concurrence étrangère, parce que le produit obtenu au moyen des nouvelles méthodes l'emporte de beaucoup sur le résultat qui aurait été obtenu par les anciens systèmes;

4° Dans la création d'une nouvelle industrie qui, avec le temps, peut prendre de vastes proportions, attendu qu'il s'élève environ un million et demi d'onces de graine de vers à soie dans l'Etat;

5° En ce que beaucoup d'ouvriers ou prolétaires sans professions y gagneront de l'occupation, puisque, un chacun, à peu d'exceptions près, peut trouver à travailler selon ses forces dans cette branche;

6° Dans le placement sûr et rémunérateur des capitaux; car ce n'est pas à une industrie au berceau qu'on les affecte mais bien à une invention dont les bacologues de toutes les nations on senti de tout temps le besoin; nous voulons parler de la nouvelle manière de disposer la bruyère;

7° Dans l'accroissement que cette nouvelle industrie vaudra à l'Etat, au grand avantage de la nation et du gouvernement, soit sous le rapport des recettes des voies ferrées chargées du transport, soit sous celui d'autres ressources qui en peuvent dériver;

8° Enfin, les avantages au profit de la nation consistent en ce qu'on trouvera par là à employer utilement plusieurs espèces de bois qui foisonnent dans nos montagnes, tels que le pin, le mélèze, le sapin, le hêtre et autres semblables, lesquels, à peu d'exceptions près, servaient exclusivement de bois à brûler.

Voulant avoir égard à l'économie dont les classes moins riches éprouvent, le besoin j'ai trouvé l'assemblage d'un chateau fort simple et peu coûteux. Ce chateau se compose de 4 supports formant un parallélogramme de m. 2,20 de longueur sur 0,80 de largeur et pourvu, en travers, d'autant de listeaux qu'il a d'étages. Sur ces listeaux on pose 4 planchers d'un mètre de longueur et de m. 0,50 de largeur et, en les plaçant les uns à côté des autres, on en forme un traiteau ou cloison ordinaire, divisée en 4 emplacements. Cet appareil réunit une partie des avantages que nous avons remarqués dans celui décrit plus haut.

En effet, cet appareil peut trouver place dans une pièce quelconque, sans qu'il soit besoin de le fixer, de l'appuyer au mur ou au plafond et, partant, sans détériorer en rien l'appartement. Les canisses ou planchers étant composés de plusieurs pièces, peuvent se démonter avec toute facilité, soit au moment de la distribution de la feuille, soit lorsqu'il s'agit de transporter les vers ailleurs, pour les soustraire à la chaleur étouffante.

Enfin, la mise au bois cellulaire lui convient également; pour les ruches et pour le cases, il faut dans ce cas, prendre conseil des circonstances; on peut aussi y appliquer l'armature actuelle, si l'on est trop gêné pour se procurer des coconnières *(bozzoliere)*.

L'appareil inventé par M. le docteur Michel Delprino, et relatif à la filature des soies, ne nous paraissant pas à beaucoup près renfermer des avantages aussi spéciaux que les quatre dont nous avons donné la traduction, surtout au point de vue des filateurs français, nous nous arrêterons là.

CHAPITRE VIII.

TIRAGE DE LA SOIE.

§ 1.

Système de tirage central-ventilateur avec une direction invisible.

En fixant mes observations sur les méthodes suivies pour le tirage de la soie, j'ai pu me convaincre que, en général, et particulièrement dans notre Haut-Monferrat, elles y étaient encore dans l'enfance et avaient un besoin extrême d'améliorations, soit à l'égards des engins, qu'à celui du tirage.

Ce besoin, selon moi, devint une nécessité à la suite des grandes améliorations introduites dans les filatures de l'Asie, et en particulier, en celles de la Chine, au moyen des quelles on pourraît, en peu de temps, nous écraser sous une concurrance victorieuse, si nous ne cherchions de nous y opposer en perfectionnant, nous aussi, nos méthodes de filage.

Les principaux défauts que j'ai reconnus sont les suivants:

1° En nouant le fil du cocon avec celui du dévidoir, si on fait cette opération pour un seul fil avec le jet de la main, elle se fait imparfaitement (surtout quand la fileuse est apprentie) et souvent, quand il y a plusieurs fils ensemble, il arrive que le fil se déchire dans le croisement à cause du nœud, ou si le nœud passe, et qu'il arrive au dévidoir un peu trop gros, cela fait que la soie ne reste point unie; qu'elle donne du déchet au rouet, et ne peut point, par son irrégularité, servir à faire des étoffes choisies.

2° Les filières, en général, sont placées de manière que les fils, en y passant, forment des angles fort saillants, ce qui, outre à un plus grand frottement, produit l'autre désavantage que les fils se hérissent et se cassent dans le croisement, ou bien qu'ils portent des nœuds au dévidoir.

3° Pas assez de croisement entre les deux fils qu'on dévide et, par là, moins de netteté, et moins de force dans la soie.

Pl.e 10.

Appareil le plus simple et le plus économique

4o Le double fil de soie qu'on porte à l'écheveau, par suite de sa détorsion, donne beaucoup de déchet au rouet.

5o Les gros cordons aux côtés de l'écheveau, causés par les *barbins* fixes du va et vient produisent des vrais inconvénients au moment de charger les bobines, puisqu'à la fin il y en a beaucoup d'éfilées.

6o Défaut de ventilation sur le dévidoir tournant, ce qui rend la soie moins lustre, moins soutenue, et, jusqu'à une certain point, moins élastique; car les faits ont prouvé que la soie qui sèche lentement est toujours moins lustre et moins élastique: la gomme contenue dans la soie acquiert une consistance différente, selon la promptitude avec laquelle elle sèche, et la pureté de l'air ambiant qui l'environne.

Tous les fileurs connaissent parfaitement la différence qu'on remarque entre une soie tirée pendant un temps sec, et celle obtenue durant un temps humide et pluvieux.

7o Le défaut, presque inévitable, de surveillance dans les systèmes en usage, et si désavantageux à cette interessante industrie.

Il est prouvé que le bon rendement du tirage dépend, en grande partie, de l'attention assidue des ouvrières, aux distractions des quelles sont exlusivement dûes et la perte d'une bonne partie de soie, et une infinité de désavantages qu'on éprouve à l'égard des écheveaux (1).

§ 2.

APPAREILS DU NOUVEAU SYSTÈME CENTRAL-VENTILATEUR.

À fin d'empêcher les inconvénients dont je viens de parler, j'ai inventé l'assemblage des appareils representés à la planche N. 11.

(1) Le plus petit bruit excite la curiosité des femmes, et les réprimendes faites par le Directeur à une fileuse, dérangent toutes les autres. Il en est ainsi de la présence des personnes qui viennent visiter l'établissement, et de beaucoup d'autres causes semblables, à la suite desquelles on oublie de prêter l'attention nécessaire à la temperature de l'eau qui, quelque fois, s'élève à un point, qu'elle fait fondre la gomme contenue dans la soie; d'autres foi il arrive que l'on *fouette* trop les cocons reduisant ainsi beaucoup de soie en *brouillage*; ou bien pas assez, ce qui occasionne un second ouettage et, conséquemment un autre déchet. Un autre dommage est celui de laisser dévider plusieurs tours défectueux ou trop ronds; qu'on met deux ou trois fils, où il n'en manque qu'un seul, tandis qu'on néglige d'ôter ceux qui sont de trop, etc.

Les inconvéniens que nous venons de nommer sont le plus petit nombre

En examinant la première figure, on s'aperçoit de suite, par ses dispositions générales que, pour deux rangées de bossines, on voit un seul chateau central de tirage, avec un axe seul comuniquant le mouvement à tous les dévidoirs.

Le château se trouve ainsi sur la ligne centrale de la filature, et les bassines placées longitudinalement à ses côtés.

Les deux rouets placés vis-à-vis et tournant en sens contraire produisent, par leur rotation, un courant d'air continuel qui, non seulement sèche plus promptement la soie, mais la rend aussi plus lustre, plus tenace et par conséquent plus élastique.

Moyennant cette disposition des dévidoirs j'ai aussi obtenu un chateau fort économique pour le tirage central. Avec une seule roue on met en mouvement de deux à quatre dévidoirs, tandis que dans toutes les filatures il y a une roue pour chaque dévidoir.

J'obtins la plus grande quantité de lumière possible, chose fort nécessaire au matin et au soir, et surtout dans les journées sombres.

Les dévidoirs étant au centre et les fileuses dos à dos à peu de distance du chateau, la lumière passant par les fenêtres, est constamment dirigée sur les bassines, ce qui fait que chaque fileuse peut nettoyer comme il faut ses cocons et faire passer au dévidoir toute la soie. On a en autre l'autre avantage de n'être jamais obligés de suspendre le travail à cause du temps orageux, comme cela arrive bien souvent dans les filatures à tirage bilatéral, où l'on est forcé de déplacer les dévidoirs (à moins qu'il n'y ait des vitres) pour qu'ils ne soient point mouillés par les éclaboussures.

Par ce moyen les fileuses étant séparées du chateau, et placées

---

de ceux qui empêchent le fleur d'aboutir à de meilleurs résultats. Les acheteurs pour la fabrication passent par dessus certaines irrégularité qu'on remarque dans les essais, dans les bobines, ou sur le métier, parcequ'ils croient de bonne foi qu'il est empossible de les éviter, en faisant mieux; habitués à faire toujours leurs achats dans les mêmes magasins, ils ne tiennent aucun compte des différences que nous venons de signaler et pensent faire un bon contrat payant ces sois quelque francs de moins.

Si ces gens là payajent quelque chose de plus pour avoir une soie plus soignée, il s'apercevraient, comme ont fait les rusés, qu'en cela il y a toujours un avantage considérable, et ils mettraient le tirage italien en cas d'atteindre cette perfection si désirable dans toutes les branches de l'industrie séricicole.

Système central ventilateur pour la traction de la soie

Pl.e II.

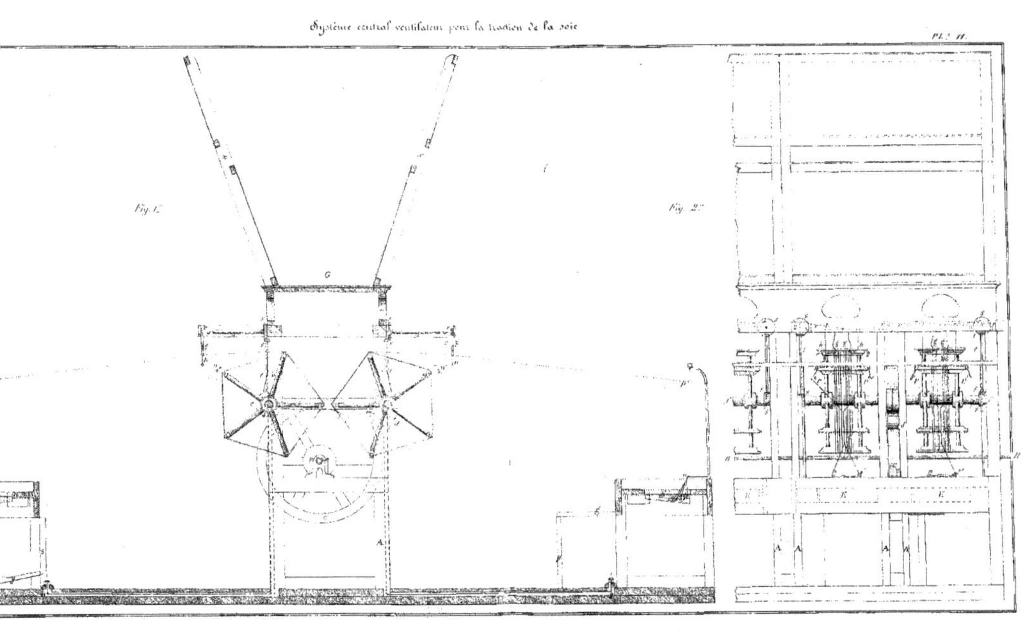

en sens contraire, on évita, en grande partie, tout motif de distraction ; cependant pour voir régner dans la filature cette constante attention si nécessaire au bon rendement, j'ai superposé au chateau centrale une galerie close aux deux côtés, au moyen de la quelle on maintient une appréhension continuelle parmi les ouvrières.

Il faut pratiquer, le long de cette galerie, des ouvertures à travers lesquelles on observe toutes les fileuses à leur insue.

Les avantages recueillis de cette surveillance segrète dépassèrent de beaucoup les espérances que j'en avais conçues.

§ 3.

DÉSCRIPTION DE L'APPAREIL.

Pour la description la figure 1 et 2 représenteront un seul objet sous différents points de vue.

AA sont les supports verticaux du chateau central,

BB est l'axe longitudinal portant les principaux rouages,

CC roues de transmission,

DD petite roue intermédiaire pour une seule rangée de dévidoirs,

EE petite roue fixe dans les axes FF, et s'appuyant, pour une rangée, directement sur les roues de transmission, et, pour l'autre, sur la petite roue intermédiaire DD. Faisant tourner le cylindre B, et par conséquent, les roues principales C dans la direction de la flèche M les petites roues intermédiaires E tournent dans la direction M, et finalement, les dévidoirs suivront une rotation inverse, représentée par les flèches NN, et produiront le tirage de la soie.

EE sont les deux rangs opposés de bassines.

OO Les trous des filières.

PP porte-files.

Les trous ou boutonnières sont mobiles, de façon qu'on peut, en tournant sur les bassines, accroître ou diminuer la distance OO (figure 2) qui produit l' angle de croisement. Ils sont égalment disposés de manière, comme on voit à la fig. I que la direction OP ne formant pas un angle hien aigu avec les fils de tirage, le frottement en est diminué et, en conséquence, les ébouriffures, et les costes qui se forment quand, passant par un angle trop aigu, la soie se hérisse.

Au lieu d'être fixes les porte-files PP, dans mon système, se balancent. Il arrive souvent que les fils se cassent par suite du défaut d'équilibre produit entr'eux par le nombre, plus ou moins grand, de cocons, auxquels ils sont attachés, ou bien par leur adhérence au porte-file quand le dévidoir s'arrête. Cette adhérence est causée par le dessèchement de la gomme contenue dans la soie, et restée attachée à la filière par où passe la soie.

Le filateur habile et consciencieux désire certainement que le fil casse toutes les fois qu'une coste, dite vulgairement *crachat*, vient se détacher du cocon, et cela à fin que la soie reste plus nette; mais il ne laisse pas, cependant, de chercher la manière d'éviter cette interruption.

Avec les porte-files mobiles, j'obtins un bénéfice réel, et cela parceque venant à cesser l'équilibre parmi les fils, au lieu de voir le plus faible se casser, il survient, en tous les deux, une oscillation qui les rapproche, et ci dans ce moment la fileuse a soin de rétablir l'équilibre, en ajoutant les cocons où il en manque, la soie reste beaucoup plus égale.

Pour ce qui est des fils qui restent attachés au porte-files à cause du dessèchement de la gomme, les points de contact étant mouvants il arrive que ces mêmes fils approchent du *va-et-vient* les porte-files qui, comme par l'effet d'un levier tournant, changent leur position réciproque et forcent les fils à abandonner la légère étreinte qui les retenait attachés au crochet de ces porte-fils, en les rendant ainsi plus réguliers.

Pour donner plus de commodité aux fileuses et plus de fini à la soie, tout dévidoir, dans mon système, a, pour le va-et-vient son réglet particulier mis en mouvement par une *bielle* poussé par une petit levier placé à l'extremité de l'axe A, qui, à son tour, est mis en mouvement par l'axe du dévidoir, moyennant les petites roues intermédiaires.

Les va-et-vient avec les réglets fixes sont, en général, la cause, comme il a déjà été dit, des gros cordons qui se forment aux deux côtés de l'écheveau. A fin d'éviter, ou du moins, diminuer en partie, ce désagrément, j'ai ajouté aux réglets fixes SS du va-et-vient deux autres réglets oscillatoires HH remplaçant le porte-file. Ces réglets, pendant que le va-et-vient opère régulièrement son mouvement, se balancent continuellement entre une rainure ZZ dans les réglets SS de sorte que leurs mouvements defférant constamment, ils portent

2.

mise à angle de prise et à entonnoir

1.

2.

toujours les fils à defférentes places de l'écheveau, donnant lieu à une diminution de ces mêmes cordons, et à un plus rapide dessèchement de la soie.

C est la galerie supérieure de surveillance.

XX sont les ouvertures des deux côtés.

S est la chaise de la fileuse qui peut, comme en S, être descendue en en répoussant le pédale I.

Finalement ZZ sont les pédales moyennant lesquelles, avec la transmission à levier 1, 2, 3, 4, la fileuse peut, en les poussant du pied, faire hausser le dévidoir de la roue de transmission, et en suspendre le mouvement.

Pour joindre les fils du cocon, c'est-a-dire pour faire la *ponura* au fil qui court au dévidoir j'ai arrangé le mécanisme qu'on voit (planche 12, 1 et 2) et dont je ferai une courte déscription.

La première petite machine, dit le jet, se compose d'un entonnoir de tambour contenant un ressort, qui fait tourner une lancette au moyen de roues d'engrenage mises en mouvement par ce même ressort monté; d'un frein-chassis et d'un pivot d'arrêt, finalement d'un crochet tranchant.

Avec cette petite machine la fileuse, après avoir nettoyé le cocon, le se prend et le jette dans l'entonnoir, poussant en même temps le frein-chassis.

Cela fait que le cocon, glissant sur le plan incliné de l'entonnoir fait à limaçon, va invariablement tomber parmi les cocons en dévidage, et son fil est compris parmi les autres sans se hérisser, attendu que la lancette mise en mouvement par le ressort monté, coupe le fil de façon, que le nœud reste imperceptible et beaucoup mieux fait qu'avec la main.

La seconde petite machine dite de *prise* est entièrement composée des mêmes mécanismes, à l'exception de l'entonnoir qui y est remplacé par un angle rentrant. La fileuse après avoir nettoyé le fil du cocon, va, même sans l'avoir dépeuillé de la bavure, l'appuyer avec l'index dans cet angle. En le portant elle pousse le plat-frein et le placement s'opère comme avec la petite machine à jet.

Ces petites machines se montent comme un horloge, sans perte de temps, et on en obtient de la soie classique, même avec des fileuses apprenties. Les résultats obtenus par l'usage de ces petites machines n'auraient put être plus satisfaisants, et, avec le temps, on s'en servira pour toute la filature.

Pour avoir assez de croisements et éviter sur les écheveaux les fils doubles produits par la détorsion, dès l'année 1840, j'avais trouvé la combinaison d'une autre petite machine que je nommai *Roulanette* (V. table 15).

Au moyen de cette machine on obtient le croisement simple. appelé *sans mariage*. Le fil étant sorti du *barbin* la fileuse l'étend sur les petits rouages; comme on voit sur la planche, et va l'attacher au dévidoir. Pressant ensuite la manivelle, ou bien l'élevant si elle est abaissée, on aura obtenu un croisement suffisant. Ces *roulanettes* m'ont fait un bon usage pendant plusieurs années et, en les comparant à l'ancienne méthode, elles sont fort avantageuses.

Cependant, ayant connu le système *Chambone*, au moye du quel on peut également éviter les doubles aux écheveaux, je l'ai adopté pour ma filatura tant à cause de son bon marché, que parce qu'il est très convenable a ma méthode de tirage appelée *Pianveloce* (lent-pressé) dont je parlerai aussitôt que je pourrai publier mon *Manuel du fileur italien*.

Toutefois la *Roulanette*, c'est-à-dire la petite machine à sans-mariage, garnie d'un mécanisme pour une nombre suffisant de croisements, doît être préférée à tous les autres systèmes, puisqu'on a l'avantage de se procurer des fils de soie plus continus ce que l'on ne saurait obtenir avec le Chambone, où, un fil en se cassant, fait casser l'autre.

Avec la *Roulanette* un peu filer à trois fils, et on obtient un beau gain en l'appliquant à mon système Lent-pressé, comme je démontrerai dans le manuel dont j'ai déjà parlé, et que j'ai l'intention de faire imprimer à profit de la séricicullure.

CHAPITRE IX.

NOTIONS SUR LA FABRICATION DES APPAREILS CELLULAIRES ISOLATEURS.

Localité.

Partout où il y a une force idraulique ou à vapeur, de 5 à 6 chevaux, et du bois convenable, on peut établir une manufacture de

Pl.e 13.

oulanette pour le croisement des fils

es appareils. Si on voulait faire l'entreprise en grand, il vaudrait mieux l'établir dans les voisinages de grandes forêts, et le long de quelque cours d'eau convenable. A défaut de ce dernier avantage on pourrait faire uniquement usage de bois, que, dans les localités boisées, on peut se procurer à peu de frais.

Bâtimens.

Un bâtiment quelconque est propre à recevoir une manufacture de ce genre, pourvu qu'on y puisse préserver les ouvriers du froid de l'hiver, et y établir des hangards pour y conserver le combustible et les appareils.

Bois.

Tout bois, excepté l'aulne et le chêne, est bon pour ces ouvrages; cependant les meilleurs sont le hètre, le pin, le sapin, le mélèze, le peuplier, le saule et autres semblables. Le hètre, à cause de la dureté, est très propre pour les listeaux des coconnières, et les autres servent à en faire les divers appareils.

Les différentes espèces de pins sont fort préférées par le bombyx, dont il favorisent l'élevage. Elles offrent aussi l'avantage de ne point ployer trop aisément quand on en fait usage.

Temps propice pour scier le bois.

On scie le hêtre quand il est encore vert, où à demi vert, et les pins et les peupliers quand il sont secs ou à peu près.

CHAPITRE X.

MACHINE NÉCESSAIRE POUR LA FABRICATION ET CONFECTION DES APPAREILS.

§ 1.

Dans cette industrie nouvelle les machines apprêtent les morceaux et la main de l'homme les assemble, aidée par ces machines qui hâtant l'ouvrage en achèvent la précision.

§ 2.

SCIE À BION MÉCANIQUE.

À fin de se procurer un travail régulier et uniforme il faut des planches d'une épesseur égale, ce que l'on ne peut obtenir qu'avec les scies à mécanique, qui, maintenant, sont généralement connues, et dont le produit est proportionné à la rapidité de leur va-et-vient. On peut, en moyenne, calculer 5 mètres carrés pour chaque heure de travail.

§ 3.

SCIE-MORCEAUX.

La scie circulaire est fort propre aux travaux de cette nouvelle industrie; cependant le besoin de pousser avec la main les morceaux destinés è être sciés, donne lieu à beaucoup d'inconvénients, sans jamais produire la précision qu'on désire dans ce genre d'ouvrage, étant impossible de pouvoir, avec la main, conserver le carré de la scie. Pour faire cesser tous ces incovéniens j' ai arrangé la machine qu'on voit à la planche N. 16 et que, d'après l'usage auquel elle est destinée j'ai appelée scie-morceaux.

Cette machine se compose d'une scie ronde ordinaire, parallèlement à la quelle on fait courir un plancher mobile.

À ce plancher est unie une guide et un étage pour pousser les planches à la scie.

Pour scier on pousse la planche au de là de la lame de la scie dans la proportion voulue; on pousse le plancher mobile, et le morceau tombe scié avec toute la précision possible: on répousse le plancher et en répétant ce que je viens de dire, on continue le travail. Lorsque l'on veut scier de longs morceaux, on ôte la guide à la scie on avance celle du plancher mobile, et on obtient le même effet. On fixe la guide du plancher avec un frein moyennant une vis à pression.

Avec cette machiue dont le coût, prix de fabrique, est de 250 fr. on scie, par heure, environ deux cents morceaux de la largeur de 20 à 30 centimètres.

§ 4.

SCIEMÈTRE

L'ouvrage plus important pour les coconnières est la précision

Pl.e 14.

Scie - morceaux

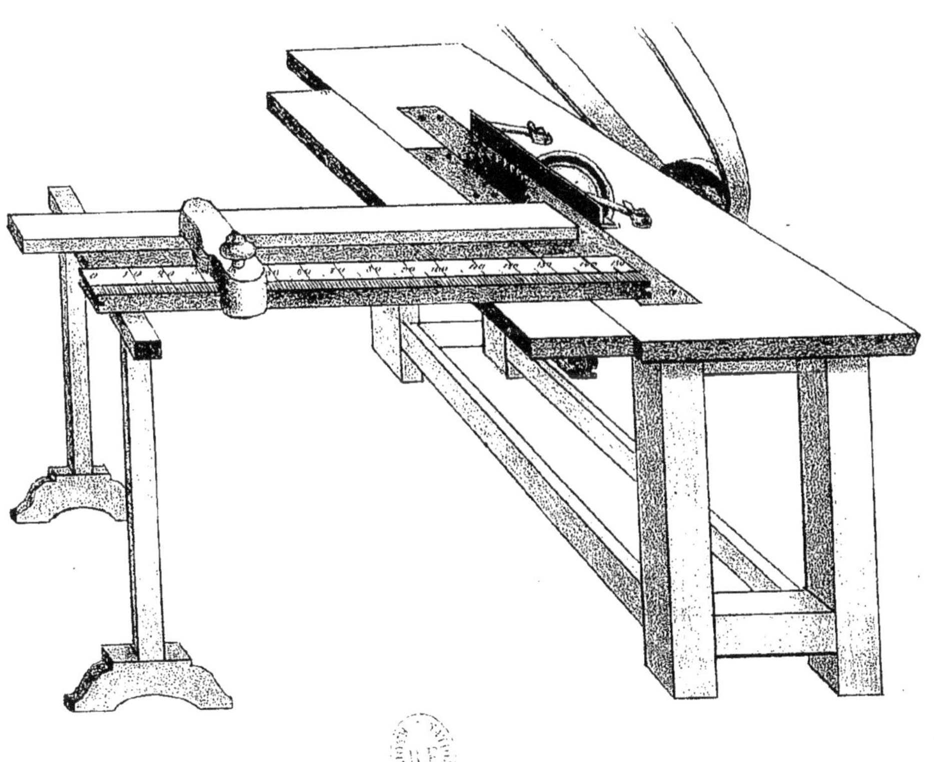

des découpures faites aux listeaux. A fin d'atteindre ce but j'ai inventé la machine de la planche N. 15, que j'ai nommée *sciemètre*, parcequ'elle scie, en même temps qu'elle prépare la mesure.

Cette machine est, au fond, presque semblable a une scie circulaire. Le mécanisme pour les découpures est placé dans le couvercle qui est composé de deux châssis se mouvant, au moyen d'une coulisse, l'un dans l'autre mais en direction opposée.

Le côté antérieur du plus grand des deux chassis contient, à peu près dans sa moitiée inférieure, plusieurs listeaux mobiles formant une espèce de clavier. Ces morceaux, avancant l'un après l'autre, arrètent le petit châssis, et le laissent glisser, quand ils sont repoussés en arrière.

Dans le côté du petit châssis et dans la partie tournée en bas, il y a (entre des anneaux) un morceaux de fer appelé *bifrein* parce qu'il fait deux prises moyennant les deux arrèts qui lui sont attachés. Il est tenu par les anneaux et par un ressort qui permet qu'il puisse glisser dans les anneaux susdits.

Dans un des lesteaux du banc est fixé une lame de fer, qui vient se trouver au dessous du *bifrein*, et en sens opposé à la position occupée par celui-ci.

Dans le même réglet ou côté où est fixé le bifrein est attaché par un petit anneau, une petite corde, qui passant sur une poulie placée sur le plus grand des châssis, soutient un poids, qui force constamment le petit châssis a descendre jusque contre le réglet de l'autre, toutes les fois que les listeaux du clavier s'avancent en dehors.

Pour faire fontionner cette machine l'ouvrier place le morceau à scier dans le carré du petit châssis, dans lequel il y a les réglets necessaires de support.

Avec des freins à vis il fixe le morceau, ensuite empoignant la manivelle il fait glisser le chassis, et le sciage, c'est à dire la découpure, est achevée avec précision, pourvu que la scie ait été élevée ou baissez assez, selon l'epaisseur de la planche. Cependant, tandisque le châssis s'avance, le *bifrein* recontre avec son arrêt, la lame de fer dont nous avons parlé, et s'arrête; mais comme le chassis continue à s'avancer, il vient, avec une de ses extremité courbées, a heurter dans l'arrêt d'un listeau du clavier, et le pousse tellement en avant, que le petit châssis doit, attiré par son poids, se poster sur le listeau au dessous.

Puis, en repoussant la manivelle, le morceau sort de la scie et le petit châssis descend aussitôt sur le listeau, et en continuant ainsi, on fait un travail doué de précision.

Cette machine opère la découpure d'un mètre et demi carré de planches par heure, et le prix en est de fr. 300 environ, et un seul ouvrier peut en desservir deux, si elles étaient mises en mouvement par une force mécanique.

§ 5.

SCIE OUVRIÈRE

On peut scier les planchettes simplement avec la scie circulaire, mais il y a, en cela, beaucoup d'inconvéniens come seraient, par exemple, les suivants: Danger de se scier les doigts, irrégularité d'épaisseur dans les planchettes et le désagrément de la sciure jetée directement aux yeux de l'ouvrier.

Pour échapper à ces désavantages j'ai inventé la machine représentée a la planche N.° 16, que j'ai appelée *Scie ouvrière* parce qu'elle scie sans le secours d'aucun ouvrier. Aussi dans cette machine les mécanismes sont presque tous placés dans le couvercle.

Ce couvercle est composé d'un châssis qui court en avant et en arrière au moyer d'un coulisse. Dans l'intérieur du châssis il y a une surface formée par une planche fixée aux côtés mèmes du châssis.

Cette surface est appellé *surface frein.*

Sur cette surface il y a un listeau retenu dans son extremité postérieure par une charnière. Ce listeau est dit *frein,* et on le hausse à volonté dans le devant.

Une autre planche (dite poussoir) est mise dans le châssis qui se meut dans une coulisse en sans apposé au châssis plus grand. Derrière celui-ci il y a un ressort qui serre constamment le poussoir. Attaché à un réglet du châssis de la scie, il y a une guide. L'axe de la scie met en mouvement une force, grâce à une vis sans fin et sous cette même roue il y a un cylindre (invisible dans la planche) ayant onze enfoncements circulaires traversés par une semi-longitudinale. Dans un coin en dessous du châssis il y a un verrou en forme de T renversé et mobile sur son axe.

Pour faire fonctionner la machine, l'ouvrier n'a qu'à prendre le

15.

Scie-mètre

vue supérieure

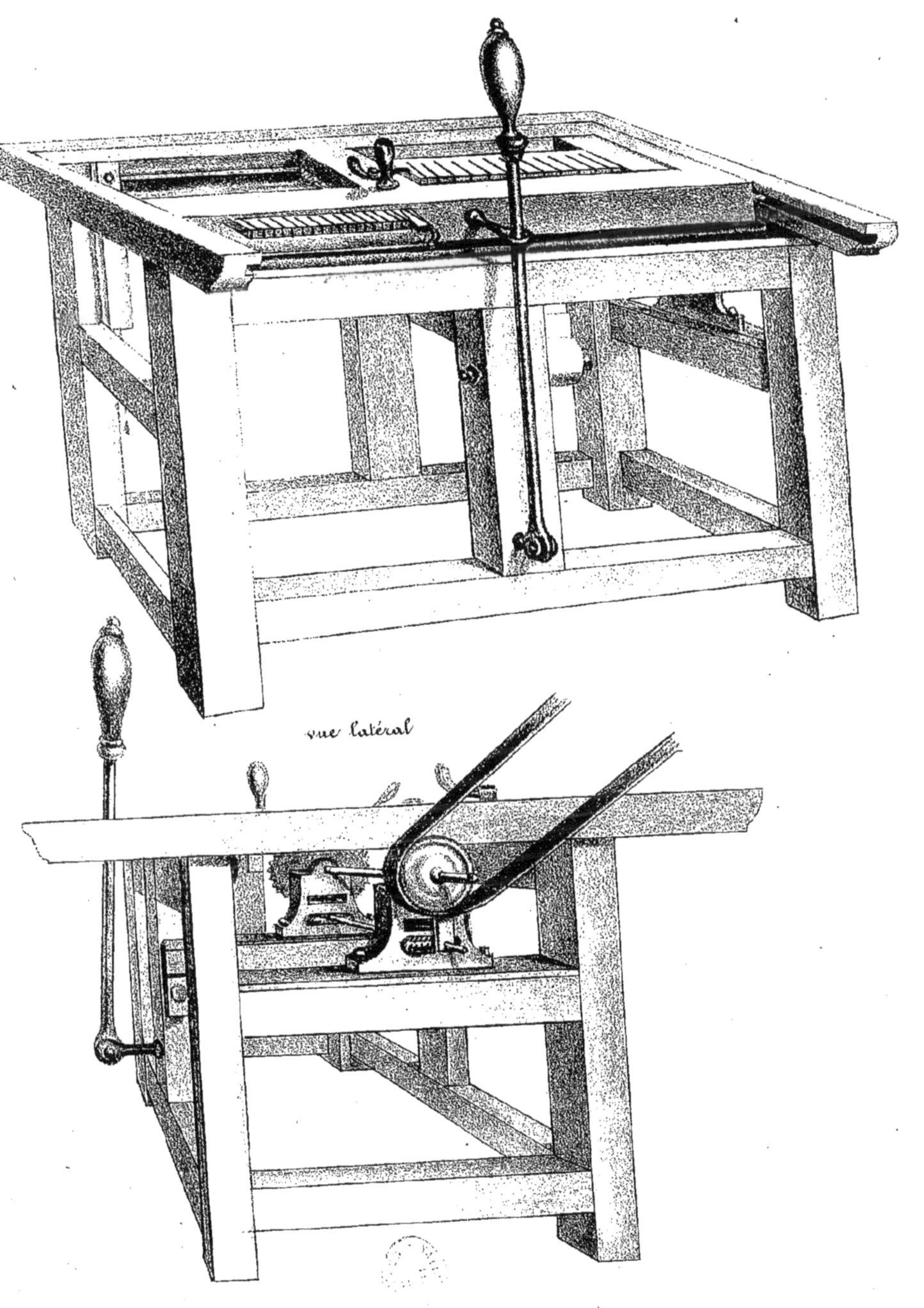

morceau à scier et, haussant le frein, metre ce morceau sur la surface-frein, ayant soin qu'il appuie contre la guide, en suite il détache le lévier, et le mécanisme, mis en mouvement, opère de la façon suivante.

La roue mise en mouvement par l'axe de la scie, fait tourner le cylindre au moyen de deux autres roues (qu'on ne voit pas non plus dans le dessein de la planche). Le cylindre tenant le châssis dans ses enfoncements en grâce du verrou, le porte en avant jusqu'au point voulu. Etant arrivé à la fin de l'enfoncement circulaire le verrou tourne dans la courbe de l'enfoncement semi longitudinal, et, en une seconde, revient à sa place, tandisque, dans toute l'opération et en emploie 12.

En repoussant le chassis la planchette est retenue par le frein, mais en dépassant la scie, le frein rencontre une élévation en forme de cône qui le force à se lever. Tandis qu'il achève ce mouvement il abandonne la planche, e le ressort serrant le poussoir, fait promptement avancer cette même planche contre la guide, continuant ainsi jusqu'à la fin, n'exigeant rien autre chose de l'ouvrier, que de replacer une nouvelle planche quand la première a été réduite en listeaux. Un bruit produit par le poussoir quelques instans, avant que la scie soit sans ouvrage, avertit l'ouvrier du besoin de lui en fournir.

Cette machine scie environ 8 planchettes par minute et un seul ouvrier suffit pour 18 ou 20. Son prix de fabrique est de 300 fr. environ.

§ 6.

MACHINE À LISTEAUX

Après avoir fait l'épreuve du mécanisme que je viens de décrire, je me suis aperçu que, avec la scie, la moitié du bois passait en sciure et je me suis mis à chercher la manière d'avoir mes listeaux sans perte de bois. À cette effet j'ai eu recours à la machine representée par la planche N. 17, par moi combinée.

Cette machine est composée d'un châssis et d'un rubot, muni d'un coûteau, qui glisse dans la déconpure des listeaux fixés dans le châssis: d'une petite caisse carrée, d'un frein soutenu par des montants et d'une manivelle.

Pour fair fonctionner cette machine l'ouvrier n'a qu'à mettre dans la caisse carrée le morceau qu'on veut reduire en bandes, comme on voit dans la planche, et y mettre son frein par dessus. Le va-et-vient du rabot fonctionne et, à chaque voyage, fait tomber une bande.

Le rabot est divisé par le coûteau eu deux étages, l'un plus élevé que l'autre, et quand on le monte, la planche appuie sur l'étage inférieure, et le coûteau reste à quelques millimètres de l'extremité de la planche. Le rabot étant poussé, le coûteau coupe la bande, et la planche se trouve placée à l'étage inférieur. Le rabot étant repoussé jusqu'à ce que le coûteau dépasse la planche va, par son poids, joint à celui du frein, se replacer à l'étage inférieur, de façon que chaque mouvement du va-et-vient doit donner une bande.

Cette petite machine qu'on peut faire fonctionner avec une force mécanique, coûte, prix de fabrique, 200 francs (1).

§ 7.

INSTRUMENT À PLANCHERS.

Pour assembler les planchers avec la plus grande précision et facilité, j'ai combiné un espèce de forme ou moule, comme on voit à la planche N. 18.

L'ouvrier place tous les listeaux dans les creux voulus pour en former la carcasse de son plancher, ensuite il fait la même chose pour les clous nécessaires.

Cela fait, il ôte sa carcasse, tourne la forme, (qui présente une cloison carrée) et y place sa carcasse pour y joindre le fond et les

---

(1) Cette machine à liteaux ou bandes, peut être combinée de deux autres manières, savoir; faisant glisser le morceau de bois en laissant le coûteau immobile, ou bien en plaçant le coûteau lateralement, ce qu'on peut obtenir en remplaçant la scie du *sciemetre* par le rabot. Les résultats sont toujours les mêmes, et grâce à cet instrument fort simple, on fait plus de 50 bandes par minute. Il est bon d'observer que le bois plein de nœuds ou point droit n'est pas propre à cette sorte d'ouvrage.

Avec du bois convenable on peut découper des briquets en ajoutant quelques lancettes derrière le côuteau. Si cela convenait on pourrait les avoir de toute longueur, et en quantité étonnante.

Avec cette machine un ouvrier, ayant son bois tout scié, peut faire, en un jour, plus de 25 mile bandes, pour boîtes à cirage, pomade, etc. etc.

Pl.e 16.

Scie-ouvrière

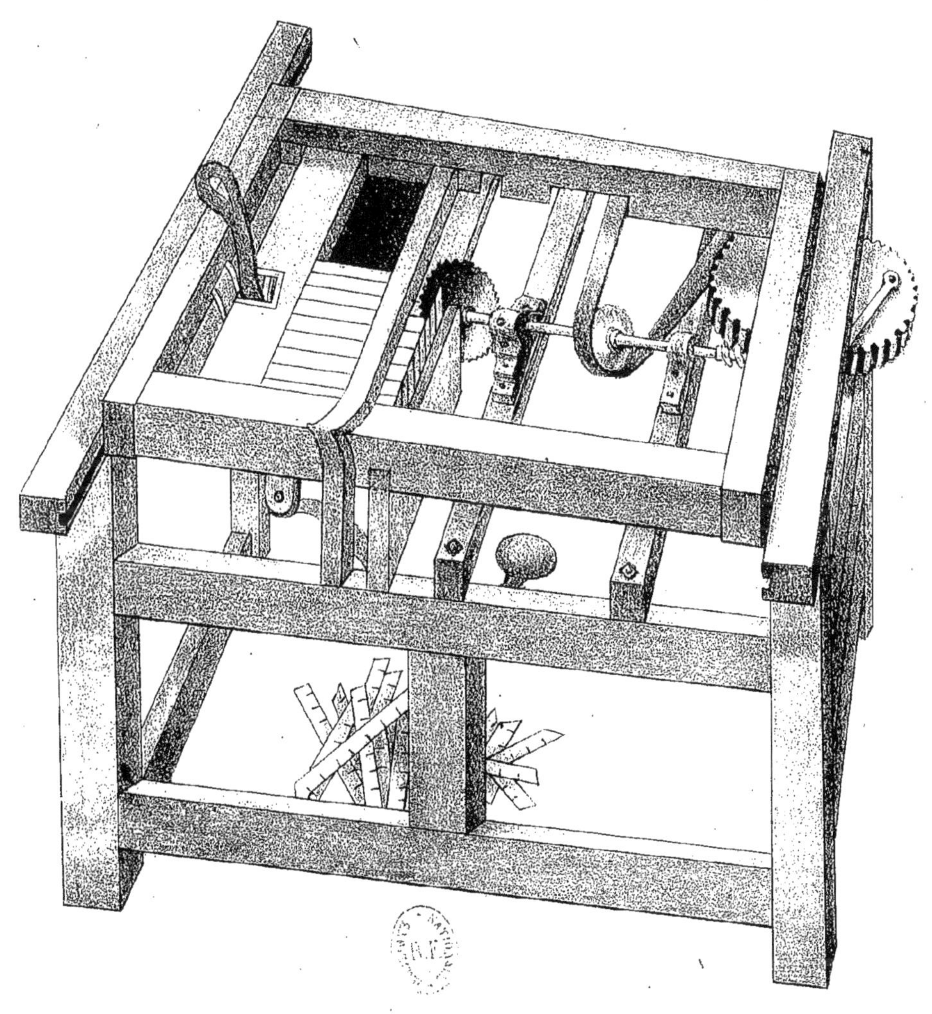

Pl.e 17.

Machine à liteaux avec rabot

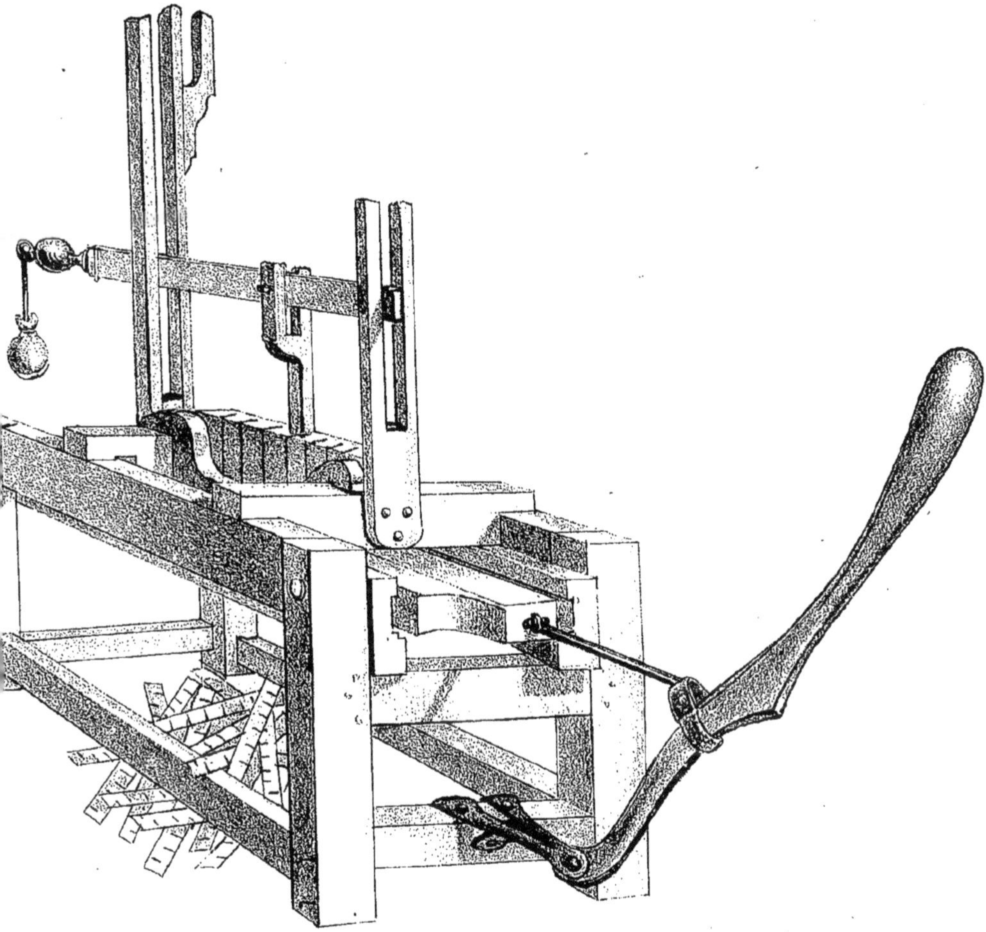

Rabot

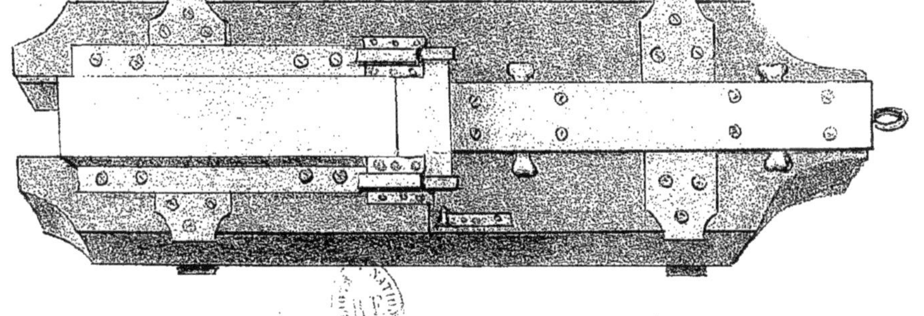

côtés en les clouant. Les pointes des clous, en sortant du bois, rencontrent un lame de fer qui les rive, ce qui abrège fort l'ouvrage.

Un ouvrier, moyennant cet instrument, achève plus de 40 planchers par jour, c'est-à-dire 4 par heure.

Son prix de fabrique est de 40 francs.

§ 8.

TABLETTIER.

Enfin, pour former les tablettes tiroir j'ai combiné une autre espèce de forme, moule, ou châssis qui est reproduit par la planche N. 19.

L'ouvrier met sur le châssis les montants avec les bandes nécessaires et leur supports, et les encloue á la distance indiquée par les réglets, et l'ouvrage est achevé.

Un ouvrier peut en monter deux à l'heure, au prix de 40 fr.

CHAPITRE XI.

DÉPENSE APPROXIMATIVE POUR LE PREMIER ÉTABLISSEMENT D'UNE FABRIQUE AYANT DES MACHINES D'ECHANGE, ET SON RENDEMENT.

La machine prédominante dans la fabrique des appareils est la scie à *bion* avec laquelle on apprête les planches pour le travail des machines complémentaires. L'ensemble de ces machines est appelé de rechange.

Cette scie principale, travaillant 12 heures, produit, en moyenne, 60 mètres carrés de planches, de l'époisseur d' environ 4 centimètres.

Un seul ouvrier suffit pour la faire marcher, et elle coûte environ 1000 francs.

Pour faire les découpures à 60 mètres carrés de planches il faut 4 sciemètres, qui, étant mis en mouvement par un moteur, n'ont besoin que de deux ouvriers. Au contraire les châssis devant ètre poussé par un ouvrier, alors chaque instrument en a besoin d'un.

Pour reduire en bandes ou à listeaux le produit de quatre sciemètres en un seul jour, il faut 10 scies-ouvrières et l'aide d'un seul ouvrier.

Les bandes produites par les instruments étant assemblées donnent 150 mètres carrés de coconnières, quantité suffisante pour le boisement des vers donnés par 155 grammes de graine.

Dans chaque fabrique il doit y avoir une machine à bandes, et quand le bois est de la qualité voulue, elle fait, à elle seule, l'ouvrage de 10 scies-ouvrières sans inutile consumation de bois.

Les mêmes machines, moins les sciemètres, servent à la fabrication des planchers et de leurs caisses. Sans qu'il soit besoin d'aucun autre ouvrier on peut, en un jour, obtenir des scies les listeaux et les montants nécessaires pour plus de 10 appareils, propres à l'éducation de 310 grammes de graine.

Ayant une machine de rechange, et en travaillant exclusivement à faire des coconnières on peut, en un an, se procurer l'enramage cellulaire pour 46,500 grammes de graine et, en travaillant alternativement en coconnières et appareils, on peut fournir des assemblages complets pour l'éducation d'environ 21,700 grammes.

D'après ce qui précède le premier établissement d'une fabrique ayant des machines de rechange peut être établi au prix de:

Bâtiment et cours d'eau de la force de 12 à 15 chevaux	Fr.	10,000
Mécanismes de rechange	»	5,000
Turbine avec transmissions	»	4,000
Frais divers, y compris fr. 3,000 pour achat de bois par an	»	36,000
Ensemble . .	Fr.	55,000

Si on avait le bâtiment et la turbine avec ses transmissions, la dépense se reduirait aux 5,000 fr. pour les machines de rechange, et on pourraît la réduire d'avantage si on voulait borner la fabrication à un plus petite nombre de machines, ce qui conviendra toujours aux possesseurs de petites forêts.

Par les détails que nous venons d'exposer tout le monde pourra se convaincre de l'avantage de développer cette nouvelle branche d'industrie.

CHAPITRE XII.

TRANSPORT D'ENGINS — DÉBIT ET ASSEMBLAGE.

Dans la fabrique on ne doit point s'occuper à assembler des coconnières, ni des appareils, à moins qu'elle ne soit située dans un

Pl.e 18.

Moule à planchers

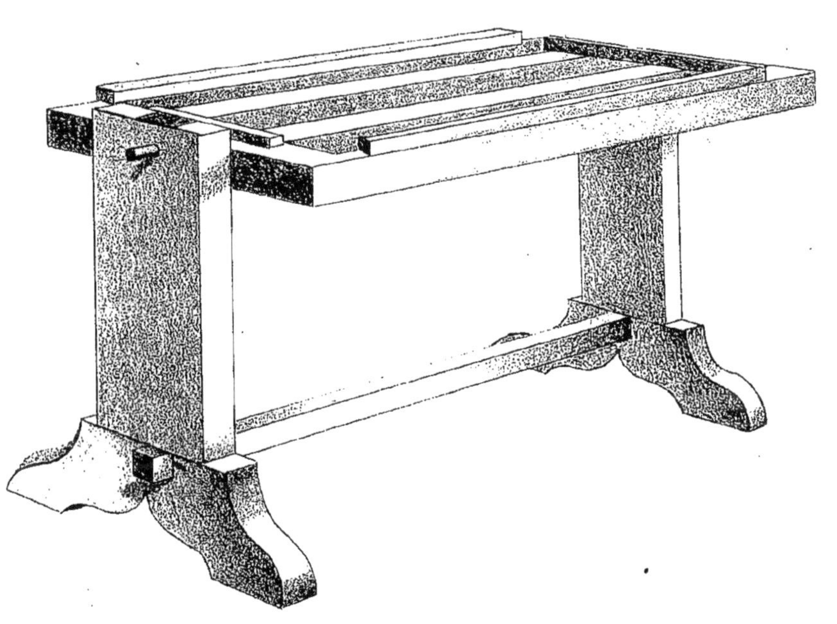

Pl.e 19.

Moule à tiroirs ou tablettes

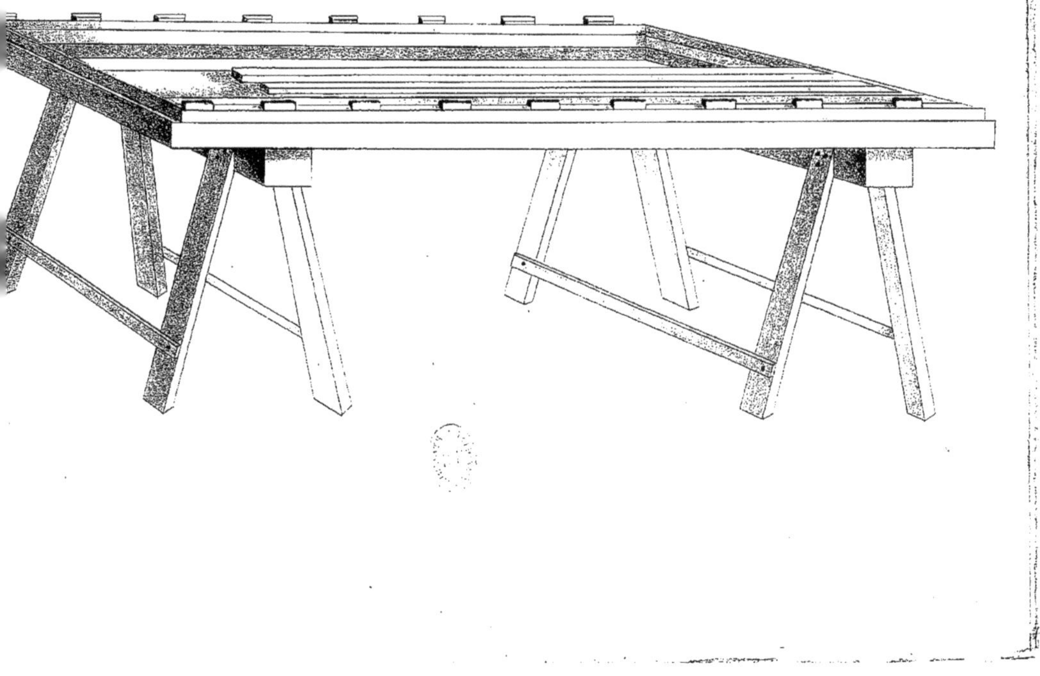

lieu où le débit en soit aisé et qu'on ait des commissions directes.

Dans la fabrique on ne doit que préparer le bois scié, tandisque, pour son assemblage et son débit, on doit en charger des commissionnaires dans les villes, où dans les pays où l'on cultive beaucoup de mûriers.

Ces commissionaires seront choisis, de préférence, parmi les établissements publics comme, par exemple, maisons de charité, pénitentiers, orphanotrophes etc., où il y a des vieux et des enfants qui peuvent avantageusement être employés dans cette occupation simple et utile.

Là où ces maison manqueront, on pourra s'adresser aux menuisiers, ou à d'autres semblables etablessements.

En tout cas on doit convenir d'avance du taux de la Commission pour la vente et les commussionnaires n'auront qu'à se pourvoir à la fabrique du moule à planchers on à tobletlier avec lesquels tout le monde est en état de construire ou monter des appareils complets.

La fabrique envoie à ces commissionnaires, par le moyen le plus économique, tous les objets sciés, mais point assemblés. De cette façon le transport est facile et à bon marché. Pour les bandes on fait des caisses exprès, dont on aura le rechange, a fin de pouvoir, en envoyant les nouvelles, reprendre les vieilles. On forme ces caisses de manière que leurs côtés plient, ce qui sera facile en se servant de charnières. Ces caisses, à leur resour, occupent fort peu d'espace et les conducteurs ou voituriers peuvent les charger sur leurs voitures avec d'autres objets. Les liteaux et les montants s'envoient en faisceaux liés.

En agissant comme je viens d'indiquer tout le monde s'aperçoit que le transport est à bon marché, commode et facile, comme le sont en général, tous les objets de matière grossière.

Les appareils arrivant tout démontés, ce sera au commissionnaires de faire promptement monter les coconnières en fixant le prix par mètre carré, tandisque pour les plancher et les caisses le prix en serà fixé par pièce. Lorsque les éducateurs de vers à soie connaîtront l'existence de cette industrie, ils iront en personne avec leurs chariots se pourvoir de ces objets ou autrement.

Comme le plus grand-débit de ce produit sera fait par un Commis voyagent celui-ci donnera les avis en temps voulu pour que la fabrique on le commissionaire fassent les expeditions.

CHAPITRE XIII.

OBJECTIONS CONTRE LE SYSTÈME ET LEURS RÉPUTATIONS.

Avant de me mettre dans ce nouveau combat, je demande de pouvoir faire observer que, les differents systèmes dont j'ai parlé au lecteur, avaient été conçus dès l'année 1858, et que, dès cette époque, je fus invité, par des capitalistes intelligents, à fonder une société, chargée de fournir l'argent nécessaire pour faire des expériences, et établire une fabrique sur de grandes proportions. Connaissant dans ce temps comme je connais encore parfaitement aujourd'hui, combien le champ des utopies est vaste et combien l'homme peut facilement y être entrainé par les idées qu'il a long-temps caressées, j'ai préféré continuer, à moi seul, mes études et mes éssais, de crainte de gaspiller de l'argent, comme il n'arrive que trop souvent, pour des decouvertes théoriques que la pratique fait bientot disparaître.

Voilà pourquoi j'ai voulu m'assurer de la supériorité de mon système par des expériences longues et faites en vastes proportions. J'ai employé, il est vrai, cinq ans à perfectionner ce système, parceque, à mesure que j'obtenais des améliorations, je voulais en laisser juger l'opinion publique, qui m'a toujours encoragé en m'appuyant et, d'ailleurs, ce n'est guère que dans l'été de l'année 1863, que j'ai pu compléter mon système et les mécanismes qui en dépendent. C'est seulement aujourd'hui que, appayé a cette consciencieuse convinction que l'homme honnète doit avoir de ses œuvres, je puis avoir le bonheur d'offrir à mon pays un système d'éducation des vers à soie qui, j'éspère, sastisfera completement les vœux des éleveurs intelligens. (1)

En général les appareils exposés en 1863 sous les portiques des Musés de Turin, plurent, quoiqu'ils eussent encore les défauts suivants.

1° Peu de solidité en quelques endroits de l'appareil,

2° Géne qu'on éprouvait à manier les coconnières par suite de leur grandeur.

3° Nécessité de déplacer les tiroirs ou caisses pour y placer les coconnières.

4° Montée moins aisée pour le ver mûr qui, du plancher, devait aller à la coconnière.

5° Chute des vers sur le carreau pas suite des mauvaises dispositions de l'assemblage des appareils.

Cependant quelques personnes, elles sont bien peu nombreuses, font à ce système les objections suivantes:

1.° Qu'il est impossible que les vers puissent se placer dans les petites cellules pour y tisser le cocon; et a corroborer cette observation, on ajoute: Prennez un insecte mûr, placez-le dans la cellule, et vous le verrez aussitôtt en sortir.

Réfutation. La pratique démontre le contraire pour ce qui regarde la première observation, étant prouvé que les vers emboisés avec les coconniéres cellulaires, montent et filent beaucoup plus vite que dans l'autre système ayan soin, aussitôt qu'ils ont pénétré dans ces alvéoles, d'en boucher les ouvertures avec quelques fils a fin d'empècher qu'un autre ver n'aille les déranger: la raison se joint a la pratique en appuie de ce fait. Dans la mise au bois ordinaire le ver cherche un site, et attochant ensuite plusieurs fils aux feuilles d'alentours, il y forme une espèce de cellule dans laquelle il tisse son enveloppe. Si cette cellule ou alvéole est tout préparée, il y entrera bien plus promptement et s'y plaira bien davantage, épargnant ainsi une travail inutile et des fils qui, au lieu de se perdre parmi les feuilles, s'uniront, avec grand profit, au cocon.

Il est vrai que le ver sort constamment de la cellule où on le place, mais il fait absolument la même chose dans le plus beau site de la bruyère quand il y à été mis par la main de l' homme. Il est dans la nature du bombyx de chercher librement l'endroit où tisser: qu'on ne contrarie pas cet instinet et l'objection tombera d'elle-mème.

2.° On observe en outre que les esconniéres sont des objets fragiles et par conséquent, propres à n'être maniés que par les personnes bien élevée.

Réfutation. La solidité des objets doit toujours être proportionnée

---

6° Possibilité pour les vers de monter sur le haut des appareils.

7° Saletés sur les vers placés au bus par suite des déjections de ceux en haut.

8° Impossibilité d'ôter les coconnières pour le décoconnage, sans démonter l'appareil.

9° Aglomération des vers sous les bandes des contreforts, comme il a eté dit à la fin du Chapitre IV.

Ces imperfections et ces désagréments ont entièrement disparu, aux divers enguis, on en a ajouté un autre également utile et commode pour l'opération du décoconnage.

à l'usage pour lequel ils sont faits: il serait ridicule d'employer des planche d'un centimètre pour faire des cellules où doit travailler un insecte. L'épaisseur établie de 3 à 5 millimètres est suffisante; d'autant plus que étant attachées entr'elles, ces planches se gâtent difficilement, et peuvent même durer autant que la vie. Cependant si quelqu'un desire plus de solidité, il pourra aisément être satisfait, en en faisant une demande expresse, et sans autre frais que ceux du poids du bois Pour ma part je suis d'avis, comme le sont beaucoup de bacologues distingués, que l'épaisseur adoptée est préférables. Pour juger de la solidité des coconnières j'ai souvent destiné les hommes les plus grossiers à s'en servir, et j'ai pu me convaincre que, même dans les mains de ces gens-là, elles durent fort long-temps, car ils en eppréciont les avantages autant que les fatigeus et les soins qu'elles épargnent. Même en admettant que les seules personnes bien elevées pussent s'en servir, elles offriraient toujours un grand avantage, et on devrait en fabriquer pour plusieurs milions, puisqu'en Italie l'éducation de 4650 K.os de graine est faite, à matié, par des personnes bien élevées. Avec le nouveau système le nombre des éleveurs de ce dernier genre doit augmenter puisque les nouveaux appareils peuvent être placés, sans inconvenient, dans des maisons, où les anciens exciteraient le dégoût.

3.° On objecte, en troisième lieu, que le nouveau système ne sera adopté que par les personne aisées, puisque les autres ne sauraient en sopporter la dépense.

Réfutation. Je conviendrais de cela s'il s'agissait d'une forte depense faite pour satisfaire au gaût du luxe, ou à la commodité, mais le cas est bien defférent.

L'éleveur est sûr d'employer ses fonds au de là du 15 et même du 20 p. 0[0 en se procurant un objet fort convenable, sous tous les rapports à l'éducation des vers à soie.

Le bon sens me persuade que le bacologue le moins aisé préférera toujours cette dépense à toute autre et qu'il tâchera de se procurer, à tout prix, les nouveaux appareils. Faisant, en homme prévoyant, une fort dépense tout d'un coup, il évitera les dépenses annuelles qui ne sont d'aucune utilité. Je dirai encore davantage; je dirai que un jour viendra, peut-être avant la fin de ce siècle, où l'éleveur qui se servira encore de l'ancienne mise en bruyère, ne trouvera point à qui vendre ses cocons, puisque avec cette méthode de boisement, on n'obtiendra jamais des cocons d'un bon rendement, ni faciles au dévidage comme sont ceux provenant de la mise au bois cellulaire. En ces jours on pourra dire: heureux le peuple sériciculteur qui aura su faire prévaloir cette dernière manière.

4.° Pour dernière objection on prétend que, à cause de la distance des fabriques, le trasport des appareils est fort difficile.

Réfutation. Le confutation d'une pareille objection se trouve au chapitre 12, où l'on parle justement des transports et du débit des appareils.

Pour plus d'évidence j'ajouterai les observations suivantes:

Quand on connaitra la facilité d'assembler les coconnières, et de monter les appareils, il y aura, dans tous les pays, des menuisiers, et d'autres spéculateurs, qui sauront se pourvoir des matériaux sciés à la fabrique et, après les avoir montés, satisfaire aux demandes des éleveurs. Que l'on me permette d'ajouter que si ces derniers voulaient seulement se pourvoir de l'enramage cellulaire, ils pourraient demander directement à la fabrique ou aux commissionaires les bandes ou listeaux à monter, car tout le monde est en état de faire cette opération qui est fort facile.

Toutes les innovation exigent du temps pour être portées à un degré de perfection, ainsi que pour être connues et appliquées. Quelquefois les meilleures inventions sont celles qui rencontrent plus d'obstacles; mais tout ce qui est vraiment avantageux et utile à la société, quoique arrêté dans sa marche, ne pourra jamais être repoussé en arrière, comme nous le prouve la vapeur, si longtemps contrariée et tant d'autres intéressantes découvertes Mais, ripetons-le, nous verrons toujours marcher tout ce qui constitue un vrai progrès, et je fait des vœux à fin que mes prédictions s'avèrent à bénéfice de notre sériciculture qui sera toujours la première source de prospérité pour la nation.

Une remarque faite par tout le monde, c'est l'élégance et la forme pittoresque que nous offre un appareil au complet, ce qui fait croire que les paysans ne se decideront pas à en faire l'achat, parcequ'il le considéreront comme un objet de luxe, plus propre aux appartements civils qu'à la maison rustique.

En y reflèchissant il faudra avouer que ce système convient tant au riche qu'au pauvre, attendu que l'épargne de la main d'œuvre, dans des moments si précieux, où la campagne exige tant de soins sera une compensation plus que suffisante pour la dépense qu'il aura dû faire. D'ailleurs ce système, qui est celui qui convient le plus, soit à cause de sa comodité et de sa forme, comme pour les avantages réels qu'il procure, sera, comme tout ce qui est bon, adopté, avec le temps, par tous ceux qui aiment le progrès.

Il est cependant vrai que, après tant de désenchantement la prudence a enseigné combien il est nécessaire d'aller doucement en tout ce qui regarde les innovations; car aujourd'hui on peut dire sans crainte d'être démenti, que l'homme n'a plus foi que dans ce que l'expérience lui a démontré.

Il n'est donc pas étonnant que même dans les cas où il est question d'innovation que la raison approuve, on rencontre encore beaucoup de résistence de la part des personnes qui craignent de passer pour légères en les adoptant trop facilement, tandisque que les routiniers s'y apposent pour ne pas abandonner leurs vieilles habitudes. Tout cela néamoins, retarde mais n'empêche pas la verité de se faire jour, et lorsque dans un pays il y a un homme habile et courageux qui sait rompre la glace, tout le mond le suit et le loue et ses adversaires mêmes finissent par se ranger parmi ses admirateurs.

Ainsi donc, que tous les bacologues commencent par se persuader eux-mêmes de l'utilité et de la commodité qu'ils douvent trouver dans l'usage du nouveau système; qu'ils bannissent de leur esprit l'opiniâtreté et le doute, et favorisent, dans leurs pays, l'adoption de ce même système dont l'industrie sericicole si précieuse pour le bien-être des nations qui la cultivent doit tirer tant d'avantages.

NB. Dans les chateaux ou appareils remis aux éducateurs avant la récolte de l'année 1866, existait un inconvénient fort grave et très-désagréable. Quand les vers montaient dans les cellules, beaucoup d'entre eux, à cause du peu de distance qu'il y avait entre la coconnière et le listeau transversal sur lequel s'appuyait le plancher, s'y arrêtaient au lieu de s'en servir pour monter plus haut. Attachant leur brins pour tisser leur enveloppe, il bouchaient le passage aux autres vers qui, restant ainsi accumulés dans le même endroit, faisaient autant de doubles et de tâchés que dans la mise au bois ordinaire.

On est parvenu à obvier entièrement à ces inconvénients en penchant les coconnières à tel point que, entre elles et le listeau, il y ait une si grande distance que le ver ne puisse plus parvenir à y fixer ses fils. En conséquence les personnes qui ont encore des chateaux avec ces défauts, n'ont qu'à éloigner de 10 centimètres les planchers entre eux. Cette opération est très-aisée et n'exige d'autre dépense que celle insignifiante de quelques listeaux, tandis que les résultats sont satisfaisants et avantageux.

CONCLUSION

Dispositions ministérielles et propositions tendant à généraliser l'usage de mes systèmes.

La sériciculture est, assurément, une des principales ressource des pays séricicoles et en particulier de l'Italie, où cette branche d'industrie est favorisée par le climat.

Il y eut un temps où, fournissant de la soie à toute l'Europe, cette nation en retirait d'immenses richesses. Tout le monde, chez-elle voudrait voir revivre ces temps et particulièrement les personnes qui savent combien, aujourd'hui, elle est accablée par une concurrence victorieuse.

Un nombre infini d'écrivains de tous pays s'occupe, avec une constance admirable, à introduire des améliorations dans la pratique de leur sériciculture et moi, de mon côté, m'étant proposé ce même but, j'ai trouvé la combinaison des divers systèmes exposés ci-devant, au moyen desquels, comme on a dit, on change l'éducation des vers à soie en un agréable passe temps, avec le gain, en outre, du 15 0|0, sur les rendements des autres méthodes, et donnant en même temps des vers plus robustes pour la réproduction.

Les contrariétés que j'ai éprouvées dans cette entreprise, ont certainement été plus vive et plus nombreuses que celles qui, en France, accablèrent l'immortel Palisiès, mais cependant je ne m'en plains pas. La faveur que j'ai reçue de la parte de notre sage Conseil provincial, au quel j'en serai éternellement reconaissant, m'a été si agréable et m'a inspiré tant de courage, que j'ai presque tont oublié; chagrins et déboires.

Cependant, pour être entièrement satisfait, il faudrait que je pusse voir mon pays profiter de ces nouveaux systèmes, dont l'application est généralement reconnue d'une si grande utilité.

Personne n'ignore que les découvertes les plus utiles n'ont bien souvent apporté aucun profit aux nations, chez lesquelles elles naquirent; et cela à cause des gouvernemens qui, soit par l'ignorance ou la méchanceté des hommes dont il se composaient, ne surent point en profiter, et permirent que les autres nations s'en emparassent les premières.

Dans notre pays quand vous entendez parler d'inventions nouvelles il n'est pas rare que quelqu'un ajoute: les inventeurs, en Italie, ne sont point heureux, à moins qu'ils ne quittent leur patrie, ou qu'il ne meurent.

Il faut, à tant prix, faire mentir ce proverbe, et bannir de nos mœurs la mauvaise habitude dé considérer comme des visionnaires ou utopistes tous ceux qui s'appliquent aux innovations.

Ce n'est point mon intérêt personnel qui me fait parler, mais celui de tous mes compatriotes, auxquels je ne pourrais, si j'étais abandonné a mes seules forces, jamais procurer les avantages dérivants de mes invention e, puisqu'elles ne pourraient jamais être appliquées en grandes proportions.

Pour arriver à ce résultat j'ai besoin du concours des personnes puissantes et d'habilité, ainsi que de la coopération de celles qui jouissent de la confiance du public.

Toutes ces personnes acquerront un nouveau titre à ma reconnaissance et à celle de leur concitoyens, en prenant sous leur protection mes nouveaux systèmes, quisqu'en généralissant leur usage elles ouvriront une nouvelle source de prospérité au pays et réaliseront en même temps, mes modéstes espérances.

Le monde ne pourra pos, non plus, leur reprocher d'avoir suivi le mauvais exemple de nos aïeux, qui laissèrent dans l'obscurité et l'abandon les hommes auxquels nous érigeons, aujord'hui, des monuments et des statues.

Monsieur Torelli, ex-Ministre de l'Agriculture et du Commerce, mérite en tous points, en sa qualité d'Excellence, d'être rangé parmi nos ancêtres du moyen âge, qui faisaient rouer ou envoyaient au bagne leurs malhereux réformateurs. En effet, après avoir reconnu mes systèmes dignes d'etre pris en considération, il eut le bon esprit de nommer une commission chargée de les examiner et de lui en faire un rapport pour être à même de donner les *dispositions nécessaires.*

Cette relation est la même qu'on trouve unie à ces documens, et par laquelle on apprend ce que ses membres, se tenant strictement à la vérité, pensaient de ces systèmes Malgré cette sobriété d'éloges, le langage de ces Messieurs n'obtint par l'approbation de son Excellence qui, dit on, après avoir lu le rapport, s'abandonna à ces savantes observations.

Puisque les trouvailles de M.r Delprino, offrent tant d'avantages, elles n'ont aucun besoin des encouragements du Gouvernement!! Le Secrétaire Général, beaucoup plus intelligent que S. E. et qui était présent quand Elle fit ainsi connaître tout la sagacité dont Elle est douée, se permit lui faire observer, que ces trouvailles étant destinnées à apporter un grand avantage aux citoyens et consequemment à l'Etât, il serait très-important d'en aider la diffusion par tous les moyens possibles, en commençant par l'insertion dans le *Journal officiel* du rapport de la Commission, dont nous avons parlé, et en favorisant l'institution, dans les provinces les plus séricicoles, de sociétés qui mettraient en pratique les nouvelles méthodes si utiles pour échapper à l'inconvénient des doubles et des tachés.

Ce même employé ajouta que, par bienséance, on devrait écrire une lettre de remerciment au Président de cette même Commision ainsi que à l'inventeur.

S. E., dit-on, repondit ainsi.

L'invention est certainament fort utile à l'Italie, puisqu'avec un surcroît de rendement dans la soie on crée une nouvelle branche d'industrie non moins avantageuse, mais à fin que la nation pût promptement en jouir, il faudrait que, partout, il y eût des fabriques des nouveaux appareils qui puissent les donner à meilleur marché. Pour atteindre ce but il faudrait de l'argent pour acheter le brevet d'invention, qui en a coûté beaucoup à son possesseur et l'Etat n'en a point, donc il vaut mieux se taire, et pour ne pas tenir les promesses, faites en créant la commission, passer sous silence le rapport qu'elle nous a fait: l'inventeur qui a su trouver ses nouveaux systèmes saura aussi en tirer profit.

Personne ne saurait nier que, avec de semblables déterminations S. E. n'ait rendu de grands services à l'Etat, et il n'est point étonnant que chez-nous l'industrie séricicole se trouve en de si tristes conditions on sait si bien apprécier ce qui peut la faire refleurir!

Par suite des tristes faits que tout le monde connaît, la défiance a tellement détruit tout esprit d'association qu'il est, aujourd'hui, fort difficile, pour ne pas dire impossible, de former une societé pour la confection de mes engins. Il est vrai qu'un haut personnage a eu sa part de mérite, en augmentant ces difficultés par la manière dont, lui qui ne connaît rien que la ruse, il en parlait aux personnes bien disposées: mes comptes avec ce Monsieur n'étant pas encore soldés je m'abstiens d'en dire davantage.

Ayant dû employer tous mes fonds à atteindre le but que je m'étais proposé, et me trouvant, en outre, dans un pays où le bois propre à la fabrication me manque, je ne peux pas, comme je voudrais, propager l'usage de mes innovations; mais le penchant pour cette noble branche d'industrie, qui doit être la source la plus importante de prospérité pour notre pays, est tellement irresistible. que j'y puise le courage de faire à mes compatriotes la proposition suivante.

Que tous les Italiens, moyennant les coseils communaux, m'accordent un sou de cinq centimes. Que le 1|3 de la somme me soit payé comptant, et les deux autres dans les deux années suivantes, un tiers par an. Que le Gouvernement m'accorde un permis de voyager sur les chemins de fer d'Italie, et je prends l'engagement d'établir, en moins de deux ans, 10 fabriques donnant un produit annuel de 100,000 francs dans les localités les plus convenables pour les provinces séricicoles, et de reduire du 50 p 0|0 le prix de fabrique des divers appareils. ainsi que à renoncer au privilège de mon brevet qui, réellement, me coûte plus de 250,000 francs.

Si mon projet était accepté je m'obligerais aussi â fournir aux éducateurs, pour le prix fort bas de 5 francs, ma boîte privilégiée à isoler pour la confection de la graine, et au moyen de laquelle tout le monde sera à même de juger sa robusticité, ainsi que de continuer à faire tous mes efforts pour améliorer tout ce qui a rapport à cette branche d'agriculture,

Si je ne m'étais pas engagé a compléter mes systèmes, je renoncerai à mon privilège en faveur de mes concitoyens, n'ayant jamais visé à aucun vantage personnel. Par suite de ces engagements je suis obligé de conserver la propriété de mes brevets, mais pour faire tout ce qui m'est possible au profit de mes compatriotes, je leur ferais encore une proposition, qui j'espère, aura leur aprobation.

Que l'Etat me promette le 5 p. 0|0 pendant dix ans, sur le plus de rendement que donnera l'adoption de mes systémes, avec la condition d'établir la différence au moyen d'un juri composé de 5 Députés et de 5 Sénateurs, et je renauce a mon brevet. Pour plus de facilité et de garantie je me contenterai de ne toucher ma part de bénéfices que deux aus après qu'ils aurout été réalisés.

Dans le cas où les propositions que je viens de faire ne soient point acceptées, l'anique moyen, selon moi, de généraliser l'usage de mes nouvelles méthodes, c'ést celui de former des sociétés. Pour encourager les bailleurs de fonds, je declare être prêt à ne rien toucher, né pour mon brevet, né pour mon travail, avant qu'on n'ait prélevé le 8 p. 0|0 à profit des actionnaires.

En considérant que cette nouvelle entreprise, à la quelle on ne pourra faire aucune concurrence, à cause de mon privilège, offre encore aux antrepreneurs le moyen de porter un grand avantage au pays, je me persuade que le capitaliste n'auront poin de peine à comprendre combien l'emploi de leur argent est sûr d'èchapper aux péripéties què, bien souvent, accompagnent les entreprises comerciales et industrielles.

Enfin, quand cette nouvelle industrie sera établié dan le voisinnage de grandes forêts, où, par conséquent, le prix du bois est fort bas, je suis convaincu qu'elle donnera de tels bénéfices que peu d'autres pourront l'égaler, et que la sériciculture italienne procurera au Gouvernement tous les avantage auxquels a droit un peuple qui possède une cultivation privilégiée.

De nos jours tout le monde montre l'envie de voir notre industrie prendre un nouvel essor, mais que fait-on pour réaliser ce veeu? On donne des promesses qui ne sont jamais suivies, de faits et, en attendant, la nation, plangée dans la misére, regard avec inquiétude vers l'avenir.

Rien, aujourd'hui, ne peut apporter tant de bien, et rien ne mérite autant d'être pris en considération, que cette nouvelle industrie. L'histoire naus démontre que les paroles, les plaintes et les promesses des inventeurs ne sont bien souvent considérés que comme de vaines jactances; mais je le répète, et je voudrais que ma voix fût entendue par les hommes qui gouvernent l'Etat, ainsi que par les financiers, la sériciculture bien ménagée, peut être beaucoup plus productive, au pays et plus utile même au prolétaire, que ces chemin de fers qui ont dévoré tant l'argent.

Elle devrait donc former l'objet des soins particuliers du Gouvernement, des Capitalistes et des éleveurs de vers à soie, car moyennant l'application des nouvelles méthodes, non seulment en obtiendra un rendement en plus du 15 au 20 0|0, mais, ce qui est plus important, on pourra se procurer des papillonnes plus robustes et, par suite, obtenir la cessation de tout principe morbifique dans la graine.

Avant de terminer il sera bon de faire observer encore une fois que l'éducation du bombyx ayant été changée, par les nouveaux appareils, en un vrai amusement, elle prendra sûrement un développement fort considérable, puisque les dames et les demoiselles ne dédaigneront pus de dédier leurs soins à une occupation aussi agréable qu'utile, et rappelons nous l'exhortation de l'immortel Horace: *Vœh vobis itali, si vos non vobis industriam creatis.*

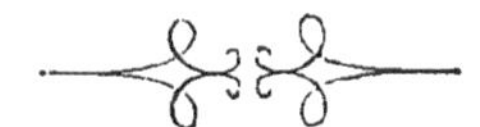

MINISTÈRE D'AGRICULTURE, D'INDUSTRIE ET DE COMMERCE

Turin, 8 mars 1865.

Le chevalier docteur Michel Delprino (de Vesime), m'a présenté la description d'une série de méthodes pour l'éducation du ver à soie et pour la filature de la soie, systèmes qu'il a inventés et expérimentés.

D'après ce que j'ai pu voir, je me suis convaincu que les études et les expériences de M. le Docteur sont dignes d'une attention sérieuse, en tant qu'elles peuvent tourner à l'avantage d'une des principales industries de notre pays.

C'est pourquoi j'ai cru devoir en appeler à l'intelligence de personnes versées dans la question et connues par leur zèle pour tout ce qui peut être utile à notre patrie, afin d'obtenir d'elles une appréciation qui ma mette à même de prendre à cet égard toutes les mesures nécessaires.

A cet effet, j'ai nommé une commission composée des personnes dont les noms suivent (1), chargée d'examiner les systèmes dont il s'agit et de me faire son rapport.

La Commission pourra s'entendre avec M. Delprino pour tous les renseignements dont elle aura besoin et M. le chevalier Ceriana, que je prie de prendre la présidence, aura la complaisance d'en réunir les membres et de prendre les dispositions nécessaires pour l'accomplissement de son mandat.

Pour le ministre,

F. DE BLASIIS.

---

(1) Chev. CERIANA, banquier à Turin, président.
M. VAGNONE VINCENT, Pignerol.
Chev. TASCA J.-B., président de la Chambre de commerce de Turin.
M. VINCA Matthieu, — — d'Alexandrie.
Chev. BAUDI-SELVE Emilo, allée du roi, maison Bellora, Turin.
Chev. ARGOZZI-MASINO, directeur de l'*Economia rurale*, secrétaire.

ÉXTRAIT

d'une lettre de M. l'avocat Cortesi au Directeur de l' ECONOMIE RURALE.

Mois de Mars — années 1867.

L'éducation des vers à soie est certainement un sujet du plus haut intérêt pour nos provinces séricicoles, puisqu'elle est la source principale de leur richesse.

La nouvelle campagne baconomique va s'ouvrir, et tout le monde chez-nous, se préoccupe des chances de succés qu'elle offre; car c'est de ce succès que dépend le gêne ou l'opulence des familles.

Pour tenir ma promesse, je vais parler de cet important objet, commençant par le système d'enramage cellulaire du Docteur DELPRINO, qui étant peu connu, a besoin d'être publié pour les grands avantages dont il doit être fécond.

Je vais donc éxposer les expèrience que j'ai faites de cette ingénieuse innovation dans l'année 1866.

Je me suis pourvu des coconnières cellulaires pour deux claies, et je les ai placées dans le même Chateau, soû etaient deux autres claies à enramage usuel, et deux autres ayant un boisement un tant soit peu modifié.

Les vers qui se trouvaient sur ce chateau composé, ainsi que je viens de le dire, de six claies, provenaient tous du même carton originaire du Japon à cocons verts, et durant leur existence il ne me fut pas possible de remarquer la moindre différance entre le degré de leur robusticité. Il arrivèrent à maturité et montèrent au bois presque tous en même temps.

Huit jours après j'ai voulu décoconner moi-même ce chateau par crainte de confusion; et ayant soin de garder séparement les cocons des trois divers enramages.

Ayant pesé séparément les cocons de ces trois enramages, après en avoir ôté les doubles, les vains et les tachés, j'obtins les résultats suivants:

a) Parmi les cocons du système Delprino j'obtins: le 4 0[0 de doubles, le 1 1[12 0[0 de vides et le 1 1[4 0[0 de tachés.

b) Parmi ceux obtenus avec l'enramage ordinaire il y eut le 10 0[0 de doubles, le 2 1[4 0[0 de vides et le 6 0[0 de tachés.

Les cocons obtenus par le système de boisement usuel modifié, présentaient le 10 1[4 0[0 de doubles, le 3 0[0 d'imparfaits (*Faloppe*) et le 10 0[0 de rouillés ou tachés.

Les avantages que présente l'enramage cellulaire DELPRINO, sont trop évidents pour qu'il soit nécessaire de leur consacrer beaucoup de mots.

Quoique ce genre d'enramage semble, au premier abord, trop cher (Le prix en est de 63 pour 31 grammes de graine) il vient cependant, à la longue, à être a meilleur marché que l'usuel, car indepeudemment des avantages de le rendement dont je viens de parler, il dure fort long temps et n'exige que très-peu de réparations.

Une autre avantage qu'il est bon de ne pas oublier c'est que les cocons obtenus grâce cette mise en bruyere rendent, au tirage, le 4 0|0 de plus en soie. La raison de cela est évidente, puisque le ver, ausitôt qu'il est entré dans son alvèole, il y trouve quatre coins où attacher des brins pour tisser son enveloppe, et conséquemment, n'a pas besoin, comme dans le système comun, d'attacher inutilement ses brins à de grandes distances.

Bien plus, pendant sa maturation le cocon se trouve enveloppé de tous côtés dans l'air libre, les coconnières étant placées sur les planchers de toile façon que l'aire circule lebrement partout.

Ce nouveau système a aussi ses avantages quand il s'agit d'avoir des cocons pour la réproduction. Il y a économie dans la main d'œuvre, et on épargne aux vers la multiplicité de ses secousses qui ne peuvent que nuire à la delicatesse dont il sont doués.

Dans ce dernier cas on n'a qu'à placer les coconnières sur les claies au moment où les vers sont prêts à monter. Quand cette opération a été faite et que les cocons sont achevés, on transporte les coconnières sur des claies bien propres et éxprèssement préparées dans l'endroit où l'on veut fabriquer la graine; on en ôte les doubles et les imparfaits, et tout ce qui ne paraîtront point propres à la reproduction, en ayant soin de ne point toucher aux petites cellules contenant des cocons les mieux faits.

Il ne faut point déranger, ni détacher la toile de soie étendue sur les cellules; car en la bougeant on empècherait aux papillons de pouvoir sortir librement, tandis que en la laissant intacte, le papillon pourra facilement sortir, aussitot qu'il a percé son enveloppe.

Les papillons que, l'année dernière, j'avais preparés de cette dernière façon, présentaient un aspect de force et de santé qui rappelaient les meilleures armées des temps passés. Leur accouplement était prompt, et constant les émissions de sémence promptes et abondantes, el tout porte à croire que, dans la prochaine récolte, cette graine donnera un bon rendement.

La même qualité de vers, élevée dans la même chambrée sur les claies du même chateau mais mis à la bruyère de la manière usuelle, me donna non seulement un plus grand nombre de cocons de rebut, mais aussi des papillons qui, sans être précisement mauvais, etaient cependant bien loin de posséder la vivacité de ceux provenants du système cellulaire.

On ne peut donc plus douter qui ce système ne soit appelé à rendre de grands services à la sériciculture, et ceux qui en font l'essai se sentent entraînés à en continuer l'usage et à le divulguer.

RELATION

SUR LES AVANTAGES PARTICULIERS DU NOUVEAU CHATEAU

du Chev. Mich. DELPRINO, Médecin

DE VESIME.

—

RAPPORT

du Prof. ORIGÈNE CINELLI

AU MINISTÈRE D'AGRICULTURE ET COMMERCE
DU ROYAUME D'ITALIE
et
À L'INSTITUT AGRAIRE ET INDUSTRIEL DE MACÈRATE

Les principaux avantages reconnus par M. le professeur Cinelli dans l'usage des chateaux cellulaires isolateurs, inventés par M. le Chevaliér Delprino, sont ceux-ci.

1° Economie d'emplacement. Ainsi, par exemple, dans une chambre qui, actuellement, puisse contenir pour 28 gram. de graine, avec le chateau Delprino on peut y en élever 31, et même 33 grammes.

2° Possibilité de s'en servir dans l'endroit plus propre de la maison, voire même dans les pièces plus soiguées sans endommager, le moins du monde, soit les murailles, soit les planchers les plus élégants.

3° Facilité de le monter selon les besoin de chaque jour, ce qui fera que, dans l'industrieuse Lombardie les dames ayant envie d'élever des vers à soie, au lieu de leur destiner les plus vilaines pièces de leur logement, comme on fait chez-nous, elles le tiennent dans le salon, où il ne gêne personne.

4a D'être, en outre, en quelque sorte, élégans, légers, en même temps, solides, et pouvant augmenter à souhait, cette dernière particularité pour les personnes plus grassières!

5° D'avoir toujours l'indication, moyennant le nombre de claies, de l'espace nécessaire pour les vers dans leurs defférents âges, ce qui évite la coûtûme aussi générale que détestable, de les tenir à l'éntroit. Et cela, Messieurs, constitue un très grand avantage, car *l'expérience nous démontre*. dit Dandolo, *que désirant faire croître et grandir une certaine quantité de vers et, consequemment, augmenter le produit des cocons, il suffit de le tenir sur les claies un peu plus à leur aise que les autres, parceque en donnant à toutes les claies la même quantité de feuille, les vers qui sont moins nombreux en ont d'avantage.* Ajoutez à cela que quand le ver se trouve plus au large, il respire un air plus salubre, condition indispensable pour qu'il se conserve sain et robuste. Si pour les hommes l'air pur est une condition hygiénique indispensable, il ne l'est pas moins pour les vers à soie, comme il résulte d'une manière évidente par le grand nombre d'ouverture à air dont la nature a fourni le long de sont corp, mais bien plus encore par le développement rapide qu'il atteint, à la suite duquel une *once dans le dernier âge en rapprésente septe mil du premier.*

6° Dans le grande facilité et non moins grande comodité de pouvoir manier les vers; ce qui donne une forte épargne dans la main d'œuvre; devenue aujourd'hui très chère partout. Une personne qui élève une quantité considérable de vers peut, avec le nouveau chateau, diminuer du quart le nombre des ouvriers, sans aucun danger.

7° L'economie annuelle de l'énramage c'est à dire de la quantité de bois qu'il faut acheter pour cette opération.

8° De procurer au ver un enramage fort commode, qui lui permet de se mettre de suite, a peime monté, à tisser son cocon, qui *devient plus pesant* que dans l'autre système de boisement, puisque, de cette façon, il ne perd point de fils en cherchant l'endroit où filer, ni pour fixer le cocon. Cependant pour pouvoir jouir de cet avantage qui n'est point du tant insignifiant, il faut [avoir soin de choisir un bois qui convienne à l'insecte, car ayant fait usage de cabanes cellulaires de moyer (*Inglans regia*) de cérisier (*Prunus Cerasus*) de peuplier (*Populus nigra*) et de mûrier *Morus alba* j'ai pu me convaincre que le bois plus convenable est celui du mûrier ou du peuplier.

9° D'éviter l'inconvenient fort considérable des doubles, qui ne pourra plus se renouveller quand on aura les cellules proportionnés aux vers.

10° D'empêcher que les cocons ne soient tâchés par les vers morts, qui désormaîs, restent fixés dans leur alvéale ou goû au moment où on les découvre, peuvent aisement être enlevés avec des pincettes.

11° De pouvoir se procurer un controle exacte des cocons, presqu'il ne sera pas possible d'en ôter un seul de sa place, sans gulon s'en aperçive à l'instant.

12° D'avoir, finalement, trouvré le moyen de rendre l'éducation des vers à soie un simple amusement, puisque on peut l'effectuer sans aucune sorte de dégâts par suite de la commodité qu'offre le nouveau chateau. A mon avis cette dernière circonstance est fort avantageuse puisque désormais les familles les plus aisée, et même les dames le plus difficiles, pourront faire l'éducateur des vers a soie, et cette éducation faite selon les principes theoriques joints à la pratique et, par conséquent, beaucoup mieux que celle faite par les personnes sans instruction, ou aurait la production des cocons et par là la richesse nationale et, en second lieu, on favorise, en la réhaussant aux yeux du vulgaire, cette industrie aussi féconde que lucrative. En effet c'est par défaut de bons exemples et de notions scientifiques, que ce beau produit ne se fait en abondance que chez les éducateurs iustruits, tandis qu'il est toujours fort modique chez les personnes qui m'ont jamais entendu parler de l'anatomie du ver à soie ni de sa phisiologie. Pour repondre parmi ces derniers des notions si utiles, on pourraît, selon moi, emplôyer ie moyen suivant.

L'Institut agraire industriel de notre ville devrait tâcher de fonder une société ayant pour but principal de répandre parmi le peuple les notions théorico-pratiques de la bacologie, en éduquant le plus grand nombre possible de ces précieux insectes.

Les associés devraient appartenir à toutes les classes de la société, et à fin que tout le monde peut concourir à favoriser ce but et parteciper aux gains les associes devraient être distingués en associé *bailleurs de fonds* et en associés *journaliers* ou *ouvriers*.

Les bailleurs de fonds seraient ceux qui fourneraient ou l'argent ou la feuille, où les objets nécessaires à l'éducation des vers; et les journaliers ceux qui s'obligeraient à mettre à disposition de la société pendant un certain nombre de jours durant le temps de l'éducation, leur travail qu'on leur capiliserait et en proportion duquel il toucheraient leur quote part du gain net fait par la société.

Sur les observations des Jurés

au

SYSTÈME DE FILATURE CENTRALE-VENTILATEUR

A Monsieur le Chevalier A. Vasco

Relateur de la seconde sous-commission de Mécanique de l'Exposition agraire de Turin en 1864

J'ai lu dans le journal l'*Economie rurale*, votre rélation sur les objets par moi exposés. Après quelques sages réflexions à l'égard de différents exposans cette rélation continue ainsi:

« A la fin on voit arriver les exposans qui, vieillis dans le métier, et sachant tout, ne se laissent abattre par aucune difficulté, semblant au contraire, acquérir plus de courage à mesure qu'ils trouvent de plus grands obstacles à surmonter: c'est de ceux-ci que l'art séricicole attend plus d'avantages.

« Le plus distingué parmi eux est le Chevalier Delprino, qui s'est, sans relâche, occupé à rendre meilleurs, et à perfectionner les différentes branches de la sériciculture, en publiant ses instructions sur:

La cultivation du mûrier;
L'éducation du vers à soie;
La confection de la graine;
Le tirage de la soie;

inventant, en outre, un très grand nombre d'excellens appareils qui figurent dans cette exposition.

« La brièveté du temps dont nous pouvons disposer, ne nous permet pas de nous arrêter à l'examen attentif de chacun de ces objets, qui, d'ailleurs, ont été soigneusement décrits par M. le Chevalier Delprino lui-même, dans son livre: ainsi nous nous bornerons à constater que ce système, pris dans son ensemble, est tout-à-fait complet, puisque il montre la manière dont l'éducation du ver à soie peut aisément être effectuée et ayant soin de placer les claies au fur et à mesure que l'on en a besoin, on obtiendra que la magnanerie soit suffisamment aérée.

« L'enramage à cellules, outre à isoler les vers qui veulent filer, a aussi son mérite par l'élégance, la régularité et la promptitude avec laquelle on peut l'apprêter.

« La méthode de confectionnement de la graine offre, entr'autres avantages, celui de pouvoir étudier et faire de précieuses expériences sur cette branche fort importante de la sériciculture, et peut donner d'heureux résultats aux éducateurs studieux.

« Profanes à ce qui regarde le tirage de la soie, nous nous sommes adressés, avec son consentement, à une personne qui s'y connait d'une manière unique, et qui aime fort les progrés de cette partie de l'industrie italienne, et voici quelles furent, à cet égard, ses réflexion. »

Après cela vous, monsieur, me faites l'honneur d'indiquer mon nom comme celui d'un homme duquel l'art séricicole attend les plus grands bénéfices. Cet éloge, qui est dû à la bonté de votre âme, m'est extrêmement agréable mais quoique je désire grandement m'en rendre digne, je crains de ne pas pouvoir y parvenir. Cependant j'aime â croire que les objets de mon exposition pourront être généralement utiles, et je me flatte que l'usage en faisant connaître les avantages qu'ils donnent, couronnera, tôt ou tard, mes espérances.

Une chose dans votre rélation, m'a fort surpris; c'est la critique habile et enviable de mon système central-ventilateur pour le tirage de la soie, de la part du savant anonyme choisi pour expert.

Selon moi ce monsieur éxamina attentivement le modèle de la nouvelle filature qu'il ne put s'empêcher de trouver digne d'éloges à tous égards, puisque l'expérience de plus de douze années n'a pu faire connaître le moindre inconvénient et, au contraire, a démontré tous les avantages qui furent indiqués dans mon livre : *Le ver à soie en progrés.*

En connaisseur distingué il sait que, pour faire avantageusement connaître au monde une innovation vraiment utile, il n'y a pas de meilleur moyen que la critique qui, éveillant la curiosité et s'emparant des esprits, éclaire l'opinion publique qui doit, en dernier ressort, juger l'objet en discussion. Ainsi pour rendre évidente la supériorité rèelle de mon système et persuader le public à l'adopter, il donna à sa critique la forme de propositions, où il laissa ensuite percer l'existence de quelques inconvénients.

Après avoir donné l'abrégé des avantages de mon système il y fait quelques observations. Je le suivrai pas à pas en répondant à chacune.

AVANTAGES DU SYSTÈME DELPRINO.

1.° *Meilleures liaisons* — 2° *Plus de croisement* — cela, cependant s'obtient également bien avec les croiseurs Roeck, généralement adoptés.

Réponse. Nous ne voulons pas méconnaître l'utilité des croiseurs Roeck, mais il peut y en avoir de méilleurs et, en particulier, pour les *sans mariage*, comme sont, précisement, ceux proposés par moi.

Je n'entends pas soutenir que mes croiseurs sont les meilleurs possibles mais je suis convaincu qu'ils-sont préférables à ceux déjà connus et employés jusqu'ici. Ainsi, s'il est permis de comparer les grandes choses aux petites, je dirai que les hommes qui ont trouvé la manière de voyager moyennant la vapeur, ont fait fort bien quoi qu'ils sussent qu'il y avait des voitures et des navires, avec lesquels on pouvait atteindre la même but. Du reste, que chacun se tienne au système qu'il croit plus convenable, et que le temps et l'usage décedent quel est le meilleur.

3.° *Absence des cordons latéraux dans les écheveaux — On se passe de ces cordons ainsi dans d'autres systèmes de va-et-vient.*

Réponse Ces système dont je n'admets l'existence que sur l'assurance qu'en donne l'Expert, me sont encore inconnus, mais dans la supposition qu'ils existent créellement, qu'on les compare avec les miens, et qu'on choisisse le meilleur. Si l'homme s'était toujours contenté de ce qu'il avait hérité de ses ancêtres où serait le progrès? Les va-et-vient oscillatoire que j'ai trouvés sont des objets fort simples et très utiles et, chez nous, on ne connait rien de mieux, et les fileurs qui les ont adoptés en sont, de jour en jour, plus contents. Les acheteurs qui font une fois amplette des soies de Vesime, se montrent, par la suite, désereux d'en racheter, quoique on les paye plus cher que les autres; et ces soies sont presque toutes filées moyennant mon méthode.

4.° *Plus de ventilation — Cela s'obtient aussi avec le système des dévidoirs emboités.*

Réponse. Entre mon système ventilateur et celui des dévidoir emboités il y a la même defférence que l'on trouve en comparant deux linges blanchis par la lessive, dont l'un ait été lavé en tournant dans un seau au mi leu de la rivière, et l'autre, dans la rivière même et à côté d'un autre linge tournant en sens contraire.

Je ne veux pas m'arrêter à faire une discussion concernant le coûteux système des dévidoirs emboîtès; je me contenterai de dire que, après en avoir fait l'éxpérience, j'ai dû les laisser pour les motifs suivants.

Si la soie arrive sèche au dèvidoir en conséquence de la sécheresse de l'atmosphère, les boites sont inutiles, ou, pour mieux dire, miefibles, parce que la tournette se meut presque toujours dans le même air — ce serait comme laver le linge dans le seau sans jamais y changer entièrement l'eau. Dans le cas contraire, c'est à dire quand l'atmosphère est humide, il faut nécessairement mettre dans la boîte une chaleur artèficielle, et la soie ainsi séchée perd en la dévidant, une grande partie de son élasticité, de sa force et de sa couleur, sans cependant pouvoir jamais acquérir cette parfaite dissection qui est nécessaire pour que les fils ne restent point attachés. Avec mon système on sèche la matière moyennant la ventilation, et, avec celui des devidoirs emboîtés, moyennant la chaleur artificielle.

Avec mon système, il est vrai, on ne peut jamais avoir, dans les temps d'humidité, une complète dissocation, mais, toute fois, il n'e cesse pas d'être avantagéux puisque la soie ne se deteriore jamais, et d'ailleur, avec l'autre système la soie sèche d'avantage mais jamais complètement, et, on outre, elle se gâle. Finalment mon système n'est point dispendieux, tandis que l'autre l'est fort.

Pour les motifs que je viens d'exposer j'ai dû abandonner ce système.

5 ° *Plus d'attention et monis de distraction dans les fileuses.*

Réponse. A cet égard l'expert ne fait aucune observation, admettant l'existence de ces avantages. A propos de cela je ferai observer au filateur, que la bonne qualité de la soie, et un bon produit dépendent essentiellement de cette manière de travailler des fileuses.

6.° *Quelque économie, mais peu considerable, dans la transmission du mouvement.*

Réponse. Je suis bien aise que cette economie ait été reconnue, puisque cela aidera à rendre préférable mon système. Cependant sur trois dévidoirs on épargne toujours trois volants ou, au moins, deux, ce qui reduit la dépense a moitié!!

7.° *Plus de lumière pour les fileuses.*

8.° *On évite les flaquées de la pluie.*

9.° *Surveillance invisible.*

Ici finit le résumé des avantages admis par votre expert, et commence le chapître intitulé:

QUELQUES INCONVÉNIENS DU SYSTÈME DELPRINO.

1.° *Dans ce sistème à volans au centre, les gonds des dévidoirs et du volant n'étant pas situés au même plan vertical, passant par l'axe moteur, le frottement produit par le mouvement est excessif, et beaucoup plus fort que dans le système à deux boîtes, ce qui donne une détérioration bien plus rapide de supports et des gonds, le mouvement plus lent des dévidoirs et le besoin d'une plus grande force motrice. De là naît la nécessité d'un axe longitudinal plus gros et plus fort; de roues principales d'un plus grand diamètre et de plus de largeur et de petites roues intermédiaires pour chaque rang de dévidoirs.*

En outre on a besoin de deux montants entre un dévidoir de l'autre; et ces circonstances sont d'une telle importance qu'elles contrebalencent toute l'économie sont on a parlé au Numero 6. Ce sont des inconvénients dont il faut se rendre bien compte.

Réponse. Pour répondre à ces objections et à celles qui enivront, j'aurai constamment recours à la pratique qui été, en tout, mon guide, et qui sait donner aux choses leur valeur réelle.

Ma filature, composée de deux-cent-quatre bassines en deux doubles rangées et divisée en deux partie égales, dont la plus ancienne est à un seul volant central, et c'est justement à cette partie que s'adressent les observations de l'inconnu, qui n'avait en sons les yeux qu'un vieux modèle de ce système. L'autre moitié, plus récente, est à double volant, et c'est à celle-ci que furent appliquées les modifications indiquées par l'expert. (Ce fut faute de temps que l'on n'a pas pu exposer le modèle modifié, portant deux volants et les gonds au centre, sans que le système en ait été changé le moins du monde).

L'éxpérience m'a démontré que les inconvéniens, qu'on semble trouver dans la première méthode, sont tout à fait insignifians, ainsi que la dépense qu'il faudrait faire pour la modifier; dépenses qui, du réste, je trouverait compensée par les diminution des frais de premier établissement. On peut donc adopter à son gré l'application d'un volant ou deux sans varier en rien le système retrouvé par moi. J'avais adopté la première méthode de transmission eccentrique dans la persuasion, que le gain aurait dépassé le plus de coût, et cela pour suivre l'exemple de ce qu'on fait à l'egard des chemins de fer, où l'on préfère, quelque fois, laisser quelque peu de montée malgré le plus de force que cela requiert et le plus de dégât que cela occasionne. Cependant pouvant éviter ces inconvénients en redoubelant le volant qui a le diamètre moins étendir, je choisirai moi aussi, désormais, l'application d'un seul volant pour deux dévidoires, puisque, si, dans ce qui est essentiel, les deux méthodes se contrébalencent dans l' exécution il y a l'avantage de pouvoir se passer des petites roues intermédiaires. Mais au lieu du système bilatéral, je préférerai toujours celui d'un seul volant central.

Il est vrai que dans mon système il y a un plus grand nombre de montans; mais cependant le coût est inférieur à celui du système bilatéral, dans le quel à chaque dévidoir est appliqué une petite roue.

En outre, cette augmentation de montants qui, au besoin, pourraît être évité, a expréssement été introduite pour rendre plus solide la galerie formant le complément de mon système.

2° *Avec un seul volant pour 4 dévidoirs les léviers d'arrêt sont disposès pour un, à angle droit, et, pour l'autre, diagonalement, ce qui m'est pas sans inconvénients. Ajoutez à cela, qu'un a la petite roue à droite, et l'autre à gauche ce qui donne lieu à quelqu'inconvénient soit en dévidant, soit en ôtant les dévidoirs de leur place.*

Réponse. Les léviers font la même force et produisent le même effet tant en ligne droite qu'en ligne diagonale, sans le moindre désagrément La même chose arrive à l'égard des petites roues.

Je puis me rendre garant de ces faits en suivant la raison, et me tenant à l'éxperience pratique de douze années.

3.° *En ôtant le dévidoir de ses supports, on est un peu gêné par les porte-fils.*

Réponse. Les porte-fils sont presque semblables dans toutes les filature Mais ni moi, ni mes fileuses nous ne nous sommes jamais aperçus d'une telle gêne.

4.° *Avec le système Delprino on ne peut aller derrière le rouet de sorte que l'on ne peut regarder, ni examiner la matière grège que pardevant.*

Réponse. Du devant on examine la partie antérieure; on tourne le rouet, et on examine le côté opposé. Cependant il est bien de remarquer, que chez-moi, il est défendu d'examiner la soie sur le dévidoir, pour ne pas contraindre les fileuses à *éplucher*, c'est-à-dire, à ôter les *costes*, la *bourette*, les *crachats* etc.

De la galerie on peut aisément remarquer comment s'opère le filage, et il est bien rarement nécessaire d'examiner la soie sur le rouet.

5.° *Selon le système Delprino le régolateur, ou la régolatrice n'a sous les yeux qu'un seul côté de l'atelier, et, par conséquent, sa vue embrasse un plus petit nombre de bassines, ce qui rend nécessaire un plus grand nombre d'employés, tandisque, dans le système ordinaire, et en particulier, dans les petites filatures, d'un seul coup d'œil on embrasse toutes les bassines, et les fileuses.*

Réponse. Dans mon système la position de la régolatrice est aussi centrale que dans l'autre bilateral, la différence consiste en ce que, dans le mien, elle est située plus haut, et hors de vue des fileuses.

Montée sur sa galerie la régolatrice, sans bouger de sa place, n'a besoin que de tourner la tête à droite et à gauche pour embrasser d'un seul coup d'œil les deux rangs d'ouvrières.

En allant où elle juge sa présence plus nécessaire, elle voit parfaitement la manière dont on exécute le filage, et, au besoin, elle peut donner des avertissements et des réprimendes, sans qu'il arrive jamais aux fileuses voisines de détournet les yeux de leur ouvrage, tandisque, avec le système bilatéral, presque toutes lèvent le regard sur la régolatrice quand elle s'arrête pour en reprendre quelqu'une. En fin moyennant la galerie aucune des ouvrières n'est jamais bien sûre de n'être pas l'objet d'une surveillance particulière, ce qui bannit toute distraction.

La preuve de la bonté de mon système se manifeste dans ses résultats c'est-à-dire dans la supériorité incontestable de la soie, et dans un plus grand produit.

Combien, l'expert inconnu, croit-il que, dans ma filature de 204 bassines j'emploie de régolatrices? Une seule depuis douze ans!

Pense-t-il que cela pourrait suffir avec le système qu'il semble préferer...?

Relativement à ce que j'ai dit sur la qualité de la soie que je confectionne, ce Monsieur voudra bien me permettre de lui faire remarquer que elle a obtenu le prîme d'une médaille aux expositions de Turin, Florence et Londres; qu'on la file à différents tître selon les souhait des fabriquants, et que les échantillons d'essai restent presque toujours égaux aux suivants, qui ont été faits chez monsieur Bertoldo, essayeur de soie à Turin, où tout le monde peut les voir.

COPIE DES ESSAIS

Balle N. 9.

Titre comandé à la filature
10|11.

COCONS DE REBUT.	
10|11 12|10	sur 10 3|4
10|9 11|11	sous 10 1|4
11|10 10|11 9|11 12|11	demi 10 5|8
169	Tit. 10 9|16

Balle N. 24.

Titre comandé à la filature
8|9.

COCONS BONS.	
9|9 9	sur 9
8|9 8	sous 8 1|2
10|9 8|8 8|8	demi 8 1|2
105	Tit. 8 7|12

Balle N. 27. *Titre comandé à la filature* 9[10.			**Balle N. 28.** *Titre comandé à la filature* 9[50.		
COCONS ORDINAIRES.			COCONS ORDINAIRES.		
10[9 8	}	sur 9	9[11 9	}	sur 9 2[3
9[10 9	}	sous 9 1[3	8[9 8	}	sous 8 1[3
9. 9 8. 9 10. 9	}	demi 9	10[9 9[8 10[9	}	demi 9 1[12
109	Tit.	9 1[2	109	Tit.	9 1[12.

Je citerai encore un fait qui servira à mieux faire connaître les bons effets de la surveillance invisible éxercée sur les fileuses. On expédia de ma filature à monsieurs Ceriana banquiers 8 balles de soie au titre de d. 10[11 et six de d. 11[12. Par mégarde on échangea un des essais de manière que ce qui avait été noté à d. 10[11 résultait de d. 11[12. A peine eus-je reçu la copie des éssais, et que je m'apperçus que la balle que j'avais expédiée comme étant de d. 10[11 était au contraire de 11[12, je me hâtai d'en avertir la maison à la quelle la marchandise avait été envoyée, en la priant de vouloir faire répeter l'opération. Les éssais furent bientôt répété, et la marchandise fut reconnue des qualités sous indiquées. Je n'avais jamais pu réussir à obtenir cette précision dans le titre de ma production quoique par fois, j'eusse essayé de porter jusqu'à 15 le nombre des femmes chargées de se promener au tour des ouvrières, comme je n'ai jamais pu, non plus, obtenir une soie de d. 9[10 sans qu'il y eût le 3 ou le 4 0[0 de consumation, tandisque avec le système actuel, à moins que les cocons ne soient d' une qualité fort inférieure, comme ils le sont généralement à présent, la consumation dépasse rarement l'un ou le 2 p 0[0.

Qu'on me permette d'ajouter que quand je faisais usage du système bilatéral, et que j'étais obligé de varier le titre soit à cause des commissions ou par suite de la qualité des cocons, je remarquais constamment, dans les dix premiers jours, des différences sensibles dans les éssais, tandisqu'aujourd'hui je change mon titre, s'il en est besoin, quand l'ouvrage de la journée est à moitié achevé, sans qu'il m'arrive jamais de trouver des variations avec les éssais. Pour les motifs que je viens d'indiquer, je recommandrai toujours aux fileurs ce système, non pour satisfaire à la vanité de voir adopter ma méthode, mais dans le but exclusif d'être utile à notre sériciculture.

6.° *Le système commun est plus agréable à voir, et, en même temps, plus simple.*

Réponse. Chacun ses goûts, mais j'avoue que j'ai la persuasion que des milliers de personnes venues à visiter ma filature, aucune serait de l'avis de votre expert, puisque toutes y ont reconnu un système plus simple et plus beau que tous ceux connus jusqu'ici. Un artiste distingué par la supériorité de son talent, dit que ma filature été d' une combinaison simple et, à la fois intéressante, par son aspect pittoresque, ce que certes on ne peut pas dire du système bilatéral qu'on peut comparer à un marché-peuplé de femmes.

7.º *Enfin, dans le système ordinaire il est possible de mettre en mouvement une seule moitié des dévidoirs sans aucun déplacement, ce que l'on ne peut pas faire avec celui Delprino.*

Réponse. Avec mon système on peut en le voulant mettre en mouvement un seul dévidoir avec la même facilité qu'on peut en mettre en mouvement deux, dix, vingt, cent, enfin le nombre que l'on désire sans recourir au moindre déplacement.

Votre relateur continue ainsi:

Le système Delprino présente, sans contredit, quelques avantages que l'on ne trouve point dans le système ordinaire, mais il a aussi des inconvéniens qui, comme ceux dont nous avons déjà parlé, sont dignes d'attention. Les quatre premiers avantages que nous avons indiqués, s'obtiennent également avec le système ordinaire, et, pour les autres, ont peut aussi, jusqu'à un certain point, si non entièrement, se les procurer avec le système bilatéral plus en usage. L'inconvénient indiqué au N. 1 est très-grave, comme le sont aussi ceux aux N. 4 et 5.

Les plus grands avantages exclusifs pour ce systèmes sont ceux, peut-être, mentionnés sous les N. 5, 7 et 8, et, pour ce que regarde le N. 9, je ferai observer qu'il doit être forte peu amusant de se promener entre deux cloison pour epier les fautes d'une fileuse, ce qui me persuade que ça ne peut pas être une surveillance continuelle, et, dans ce cas, elle devient à peu près inutile, ou peu importante.

Réponse. Toutes les combinaisons de mon système central-ventilateur ont leur avantage réel, tandisque les inconvéniens entrevus par votre relateur, sont tout à fait infondés, et je ne puis lui passer que l'on puisse obtenir les quatre premiers avantages avec le système bilatéral ordinaire: cela pourrait s'obtenir mais moyennant l'application de mes découvertes.

Les avantages inhérens à mon système sont tous ceux indiqués dans mon livre, et les nier c'est méconnaître la vérité En les appliquant partiellement au système ordinaire, on ne parviendra jamais au but que je me suis proposé pour faire casser tous les incovénients mentionnés dans mon livre surdit: IL BACO IN PROGRESSO.

Et finalement, dire qu'il est peu amusant de se promener sur une galerie entre deux cloisons pour surveiller les fileuses, est comme si on blâmait un Général de passer, à cheval, la revue de ses troupes, au lieu d'en descendre pour se mêler aux soldats.

Il est vrai que ça ne sera jamais une promenade d'agrément, mais elle n'est pas sans attraits, puisqu'elle aide puissamment à obtenir de bons résultats, moyennant l'attention non interrompue des fileuses à mettre en exécution les meilleurs moyens de filage. Or comme ce but s'atteint beaucoup plus aisément par le régolateur sur la galerie qu'en se mêlant aux fileuses, il est évident que cette méthode est préférable. Ma directrice qui, comme je l'ai dit plus haut, dirige seule non seulement toutes les fileuses, mais aussi les servantes et les apprenties, est une personne bien élevée, intelligente et douce, qui aimerait mieux quitter sa place que revenir à l'ancienne manière de surveillance.

A corroborer ce que j'ai dit jusqu'ici, j'ajouterai ce que disait un directeur fort habile de toutes sortes d'établissements de soiries, en visitant ma filature :

Le système central ventilateur est économique, simple, utile et beau; mais il faut avouer que la galerie en est le complément et qu'aucun fileur ne pourra jamais en connaître tous les avantages sans la pratique.

Se pouvant que votre relateur ait la conviction des critiques par lui faites à mon système, et que la seule expérience pratique pût le convaincre de la justesse de mes remarques, allors je ne saurais trouver un meilleur moyen que de vous prier d'avoir l'obligeance d'inviter de ma part, ce monsieur à vouloir se donner la peine de se rendre à Vesime en Juin prochain; et je vous promets que en échange du plaisir qu'il m'aura procuré de faire sa connaissance, je ferais en sorte qu'il parte convaincu et content.

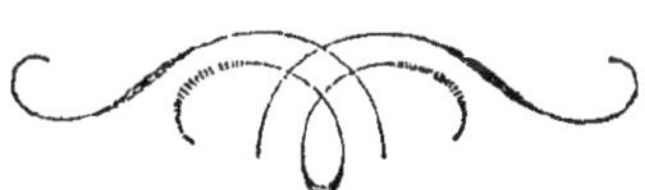

TABLE.

TABLE DES PLANCHES.

TABLEAU SYNOPTIQUE

...sultats des éducations de vers à soie faites en grandes proportions moyennant les nouveaux systèmes cellulaires-isolateurs *comparés aux anciens.*

OBSERVATIONS.

...riences ont été commencées en 1862 moyennant ... de vers pour chaque catégorie, c. égales à 30 grammes ... ...tions ont été faites à circonstances égales, mais ... cinq différentes méthodes et cinq races diverses.

Section	Catégorie	Systèmes employé pour chaque catégorie	1. Quantité de cocons récoltés (Kilog. gr.)	2. Economie dans l'emploi d'ouvriers pour ces divers systèmes (pour 100)	3. Doubles (pour 100)	4. Imparfaits (pour 100)	5. Tachés (pour 100)	6. Quantité de cocons nécessaire pour avoir un Kil. de soie de 10 11 (Kilog. gr.)	7. Quantité de frisonnette par Kil. de soie (Kilog. gr.)	8. Nombre de cocons pour un Kil. de soie (Numéro)	9. Temps employé à filer un Kil. de soie (Heures min.)	10. Nombre des fils composant un Kil. de soie (Numéro)	11. Dépense en main-d'œuvre pour un Kil. de soie (Fr. Cent.)	12. Prix de la soie pour Kil. au prix de 6 fr. pour les ... et 4 pour les autres (Fr. Cent.)	13. Perte par soie des instruments et systèmes usuels (Kilog. gr.)	14. Perte à la bassine pour la ... qualité des cocons (Fr. Cent.)	15. Perte totale pour 0/0 dans chaque catégorie (pour 100)
862. SECTION I.																	
à la 5me mue 1200 vers environ pour mètre carré.	Categorie 1e	Système usuel à encabanage vert	10 50	0 0	6 80	7 50	2 10	13 80	0 320	223	48	423	7 20	82 20	13 10	21 90	75 81
	id. 2e	Système usuel à encabanage sec	24 60	0 0	6 40	4 20	0 50	12 20	0 210	180	[illegible]	340	6 10	73 20	8	12 30	41 26
	id. 3e	Système usuel à encabanage cellulaire	27 30	4	2 30	2 40	0 40	10 60	0 175	58	32	172	5 40	63 60	5 30	2 70	21 21
	id. 4e	Nouveau chateau cellulaire isolateur	32 50	15	2 40	1 50	0 50	10 40	0 140	55	32 30	165	5 30	62 40	0 10	1 50	10 71
	id. 5e	Chateau à planchers isolateurs. Coconnières verticales, simples	32 60	12	1 20	1 10	0 23	10 45	0 130	38	31	148	5 20	60 90	. .	. .	. .
63. SECTION II.																	
à la 5me mue 1100 vers environ pour mètre carré.	Categorie 1e	Système usuel à encabanage vert	30 20	0 0	33	7 80	4 40	16 40	0 325	245	48	410	7	98 40	8 90	34 20	48 34
	id. 2e	Système usuel à encabanage sec	34 50	0 0	37	3 50	0 80	14 30	0 224	105	41	333	5 90	85 80	5 60	21 60	36 45
	id. 3e	Systèmes usuel à encabanage cellulaire	36 20	4	10 50	1 60	0 35	11 50	0 160	63	33	160	5 40	69	2 90	4 80	12 20
	id. 4e	Nouveau chateau cellulaire isolateur	38 20	15	8 50	1 80	0 20	10 6	0 140	55	32	135	5 45	65 40	0 90	1 20	2 80
	id. 5e	Chateau à planchers isolateurs. Coconnières verticales, simples	39 10	12	3 30	1 15	0 20	10 70	0 130	42	31	133	5 25	64 20	. .	. .	. .
64. SECTION III.																	
à la 5me mue 1400 vers environ pour mètre carré.	Categorie 1e	Système usuel à encabanage vert	36 30	0 0	42 50	7 10	16 20	16 80	0 315	443	45	410	7	100 80	7 40	36	37
	id. 2e	Système usuel à encabanage sec	38 50	0 0	13 25	4 20	11 10	14 20	0 195	154	38	323	5 90	85 20	5 20	20 40	22 33
	id. 3e	Système usuel à encabanage cellulaire	42 15	4	4 40	2 40	2 30	11 70	0 140	59	32	160	5 40	70 20	1 55	5 40	5 80
	id. 4e	Nouveau chateau cellulaire isolateur	43 50	15	4 10	2 15	1 40	11 90	0 135	52	31	145	5 50	71 40	0 20	6 66	3 76
	id. 5e	Chateau à planchers isolateurs. Coconnières verticales, simples	43 70	12	2 70	1 80	0 45	10 80	0 120	38	30	133	5 25	64 80	. .	. .	. .
65. SECTION IV.																	
à la 5me mue 1100 vers environ pour mètre carré	Categorie 1e	Système usuel à encabanage vert	24 50	0 0	12 50	6 10	1 10	15 30	0 300	211	39	350	7 20	91 80	9 60	33	61 56
	id. 2e	Système usuel à encabanage sec	27 40	0 0	13 25	3 80	0 90	13 90	0 211	163	37	310	6 50	83 40	6 70	24 60	39 41
	id. 3e	Système usuel à encabanage cellulaire	33 20	4	4 50	2 10	0 90	10 30	0 150	39	32	140	5 50	61 80	0 90	3	4 21
	id. 4e	Nouveau chateau cellulaire isolateur	33 80	15	4 10	2 15	0 65	10 40	0 145	44	31	143	5 50	62 40	0 30	3 60	2 74
	id. 5e	Chateau à planchers isolateurs. Coconnières verticales, simples	34 10	12	2 25	1 30	0 20	9 80	0 130	36	30 30	131	5 20	58 80	. .	. .	. .
866. SECTION V.																	
à la 5me mue 1800 vers environ pour mètre carré	Categorie 1e	Système usuel à encabanage vert	18 40	0 0	12 30	3 75	0 70	21 50	0 220	240	42	328	8 50	86	3 70	24 40	54 06
	id. 2e	Système usuel à encabanage sec	19 10	0 0	41 70	2 25	0 50	21 10	0 160	220	41	317	7 90	84 40	3	22 80	45 80
	id. 3e	Système usuel à encabanage cellulaire	21 40	4	17 80	1 45	0 35	15 90	0 130	125	34	163	6 70	63 60	0 70	3	5 60
	id. 4e	Nouveau chateau cellulaire isolateur	21 90	15	16 25	1 40	0 30	15 80	0 115	110	34 30	161	6 30	63 20	0 20	1 60	2 73
	id. 5e	Chateau à planchers isolateurs. Coconnières verticales, simples	22 10	12	13 25	0 80	0 20	15 40	0 110	90	32 30	152	6 40	61 60	. .	. .	. .

OBSERVATIONS.

...Commission du Gouvernement, le Président de la Chambre de Commerce et des Arts d'Alexandrie, M. Sy...
...Vagnone, bacologue distingué et filateur habile de Pignérole, ainsi que M. l'avocat Cortesi de Rodiano, ont ... des résultats tout-à-fait semblables à ceux ci-dessus et quelquefois, encore plus disparates.
...Bonino de Turin annonce à la Commission du Gouvernement, qu'il lui a été impossible d'avoir un seul ...les vers élevés au moyen du chateau immobile usuel, tandis qu'il en récolta encore 15 Kilogr. de ceux ...circonstances égales, avaient été élevés selon la nouvelle méthode hygiénique d'isolement. Ce fait qui se ...chez beaucoup d'autres éducateurs qui se servaient de mes systèmes, sert merveilleusement bien à expli... ...s fortes différences qu'on remarque entre la série des expériences de la première section. Il démontre é... ...it bien que au fur et à mesure que la ventilation diminue, augmente la perte des vers ayant des prédi... ...us morbifiques.
...ns les temps normaux la différence des rendements, provenant des diverses systèmes dont on se sert pour ...ion, se réduira du 15 au 20 p. 0/0 pour les races indigènes, mais il en sera pas de même à l'égard des ...Portugal et du Japon pour lesquelles la différence du rendement doit être uniquement attribuée au très- ...nombre de doubles et de tachés, que l'on ne saurait éviter avec les systèmes usuels.
...our que tout le monde puisse se faire une idée juste des avantages des nouveaux systèmes, il faut bien re... ...e la diversité de rendement qui existe entre les éducations de la cinquième catégorie et celles de la se... Cette diversité, en moyenne, n'est jamais au dessous du 15 p. 0/0 pour les races indigènes et du 20 p. 0/0 ...lles de Portugal et du Japon.
...encabanage vert a été pratiqué tous les ans, et cela pour faire connaitre tous les préjudices qui en résultent. ...s coconnières coûtent à la fabrique, y compris les frais de brévet, deux francs par mètre carré. Pour la ...la bruyère nécessaire aux vers de 31 grammes de graine donnant, en moyenne 60 Kilogr. de cocons, il en ...mètres carrés.
...chateaux isolateur composé de 6 caisses et pouvant contenir 60 Kilogr. de cocons, coûte, tout compris ...ci dessus, 150 francs. Or, d'après les résultats des expériences faites, la dépense pour l'encabanage cellulaire ...e amortisée en un an, et en deux celle du chateau. Ajoutons que ces ustensiles peuvent durer au de là ...o humaine.
...s coconnières dites *cellules-à-vers* ou *ruches*, se composent tout bonnement de l'union ou assemblage de ...s coconnières cellulaires (Voy. fig. 3 de la planch. N. 10 du livre *La nouvelle sériciculture*). Grâce à cette assemblage il se forme des angles et des coins dans lesquels les vers peuvent plus facilement faire des doubles et produire des tachés. Les coconnières verticales, isolées (voy. fig. 1 à la susdite planch.) ne présentent point les mêmes inconvénients, et donnent une différence de 1 ou 2 p. 0/0 en moins de doubles, et presque aucun de ces tachés qu'on trouve ordinairement en si grande quantité dans toutes les races qui sont aujourd'hui plus en usage en Europe.

6° Il importe de bien faire attention au fait suivant:

Les parois de la cellule étant sèches (personne n'ignore combien l'humidité est nuisible aux vers, principalement pendant la cinquième mue) absorbant l'humidité dont abondent les vers qui sont au dernier âge, et grâce à cela, la graine que l'on tirera de vers ainsi élevés, sera moins susceptible de principes morbifiques, et donnera toujours un meilleur rendement, ce qui forme justement le vœu des éducateurs (voy. rélation de l'avocat Cortesi dans le d. livre *La nouvelle sériciculture*).

7° Le prix de la soie, tel qu'il est indiqué dans le tableaux, ne regarde que le plus de rendement des vers de toutes les catégories, pour lesquels on a établi le prix de 6 francs par Kilog. On n'a pas tenu compte de l'infériorité de ceux eu avec les chateaux usuels, parce que la perte serait toujours égale.

8 J'achève en faisant observer que c'est à l'habile industriel de trouver le moyen de tirer le plus grand profit possible de cette branche fort importante de l'agriculture. A cet égard il importe, avant tout, que l'éducateur se procure les instruments les plus convenables et la graine douée de plus de robusticité et que, ensuite, pour atteindre son but, il est encore indispensable qu'il n'oublie pas qu'à fin d'avoir une bonne récolte de cocons, et par suite, de bonne soie, il est également indispensable que le ver passe toutes ses transformations d'une manière normale, dès le premier développement de l'embryon, jusqu'à la complète formation du cocon.

Les instruments du nouveaux système réunissent toutes le qualité nécessaire pour aider à la prospérité de cette branche fort importante de l'industrie, et la nation séricicole qui saura s'en servir pour la première, en ressentira de grands bénéfices, car elle trouvera en eux l'utilité, l'élégance et l'amusement.

Vésime, avril 1867.

Ch. M. DELPRINO Médecin

Prix: Fr. 3 50.

www.ingramcontent.com/pod-product-compliance
Ingram Content Group UK Ltd.
Pitfield, Milton Keynes, MK11 3LW, UK
UKHW020154200726
13856UKWH00003B/994

9 782013 274432